日本製造

東京廣告人的潮流觀察筆記

MADE IN JAPAN

東京碎片 uedada

前言

客人就是神，你得討好「祂」的心！

日本有句著名的俗語：「お客様は神様です（客人就是神）」。

這句是約在五十年前，日本著名歌手三波春夫說的。其後有一些搞笑藝人或與他無關的人們用此逗笑，隨之成了風靡社會的流行句。

原本三波要表達的意思是「非得要有把自己歌唱獻給神明的心情，才能唱得好」。可是此句膾炙人口之後，就背離他的本意，開始表達生意上的一種思想：要把顧客當作至上存在來對待。

對賣方來說，顧客算是「帶來恩惠（＝盈利），值得合十」，所以「千萬不可怠慢」的存在。光是這點，好像足有可以比作「神」的特性。但在此我想要關注的是現代顧客另一個「神」性，就是「脾氣沒準」的性質。

首先解釋一下日本所說的「神」的概念。祂們並不是像耶穌基督或阿拉那樣獨一無二的存在。依日本古來的世界觀，森羅萬象的每個事物——山、海、樹木甚至廁所等所有事物都存在擔當那個事物的「神」。

日本的「神」們又未必具有像歐美「神」那樣拯救人們的崇高特性。祂們的心緒很像人，被款待、吹捧了就會高興，有了不稱心的事情就會鬧彆扭，還會停止向來施予人的恩惠。

還有，民眾不一定有「這樣對待神就ＯＫ了」的固定做法。當然，古代人一直與神交流，建立了許多方法，像是打掃清淨祂的住處、按期貢獻土地產品、按照形式朗誦祭文或敬奉舞蹈，以表達尊崇之念（不過，還留有這種習俗的地方已經很少了）。但即便這樣做，由於某些人智不及的原因或不可抗力，祂們會忽然帶來（或停止控制）地震、風暴、旱災等各種災禍，使得民眾苦於生死攸關的重大損害。這就是由於神「脾氣沒準」會引起的恐怖。

我想，「客人就是神」這個說法不正是下意識地表達了，現代的顧客具有同樣的性質嗎？

本來，買賣應該是以金錢為媒介進行的對等契約行為。也許起碼在大家光是買賣生活必需品，還有供求平衡的時代，可以這樣說。

可是，現代的經濟系統並不是只由必需品推動。如今，商業得讓遠超過必要的物品流通才能成立。換句話說，賣方就得拜託顧客來購買必要之外的大量商品。而從顧客來說，很多物品算是「今天買不買都可以」的。也就是說，賣方和買方之間的「買賣必要」程度有很大的不平衡。

顧客那方不需要「購買戰略」、「挑選商品概念」之類的玩意（不否認一些人有）。他們只要看到「不錯」的東西，就可以拿到收銀台，或者按「購買」按鈕就行。但如果發現了負面因素，像是店員表現不好、店裡不乾淨、產品介紹的文字有錯；或者「今天拿著很多東西」、「網站有了有趣連結要回家看」等個人理由，就可以不買了。每個生意能否成立，都要看顧客心血來什麼潮。特別是在這個景氣不好的時代，他們的「潮」就對賣方的成績帶來很大影響，甚至掌握生殺大權。

有一種說法認為，日本顧客對商品品質的眼光、對服務的要求，是全世界最嚴厲的。可以猜測，這種性格大概是經歷過二十世紀後半的經濟成長時期，被多家企業過度競爭所培養的，還有在其後的通貨緊縮和不景氣時期被放大了。

賣方畢竟無法完全理解顧客的想法。誠然有一些行銷手法會讓你有某種程度的預測和期待，但不會有「這樣做就ＯＫ了」的最終公式。所以賣方不得不用盡手段來討「神（＝顧客）」的歡心，例如給商品附加意外的功能、從來沒有過的用法、令人驚訝的名稱和外表、還有好笑的廣告等等。這些讓我時會聯想到日本古代神話的一節：太陽女神「天照大神」躲入山洞不肯出來的時候，大家在山洞周圍展開又唱又舞的大喧鬧，讓祂不由得被引誘出來。

其實，消費者也並不是對不需要的東西沒興趣，反倒會力求透過商品得到「樂趣」和「便利」，所以有時會被一些不足掛齒的事情打動而搶購商品。現代日本消費者很會受流行的影響，但其根底也隱藏著日本人傳統的心性。有些商品只為刺激這點，便注入近代日本發展的先端技術。

從現代日本的很多商品，不難看出上述賣方和顧客之間的心理戰。本書的意圖即在於，從日本通用的日用品（多是在這幾年上市的）摘取有關例子，觀察、考察、介紹給讀者朋友。

目次

嗜好——療癒紓壓，就要靠它

寫字、讀書——在人生任何階段都很重要

健美

生活機能再進化！

眼鏡——不僅是為了矯正視力

眼鏡是身體的一部分了

我小學時候視力就開始下降，上了中學不久就得戴眼鏡了。當初我非常不願意，因為班上幾乎沒有人戴，總覺得一個人戴上眼鏡就被「只有學習好，運動不好，性格不開朗，不會招女生喜歡」的形象纏住了（實際上我就是這樣子，因此更討厭）。

可是後來，愈來愈多的同輩一個接一個地開始戴眼鏡，不出十年戴眼鏡就不稀奇了。不只如此，現在眼鏡甚

至會被看作一種討人喜歡、甚至是「萌」的因素。

我看過有些數據表示，如今日本有半數人口（就是六千萬人）戴眼鏡。只限城市生活者的話，其比率更高。所以，從帥氣／土氣的觀點談眼鏡已經毫無意義了，眼科醫生所說的「眼鏡是一種醫療工具」這個說法更是無聊。眼鏡已經成為離不開日本人生活的日用品，不，已經是與身體密不可分的一部分。所以，眼鏡非得講究更方便、更易用、還有更貼切生活需求不可。

講究超輕量

從幾年前開始，「輕量」成了新款眼鏡的主要關鍵詞。我本人已經戴了幾十年眼鏡，再也不會介意沉不沉。但記得開始戴的時候，感覺眼鏡的所有重量都掛在鼻梁上，既不舒服，又容易疲累。二〇〇九年，日本一個眼鏡品牌「JINS」推出了輕量眼鏡，聲稱鏡框、鏡片一共只有

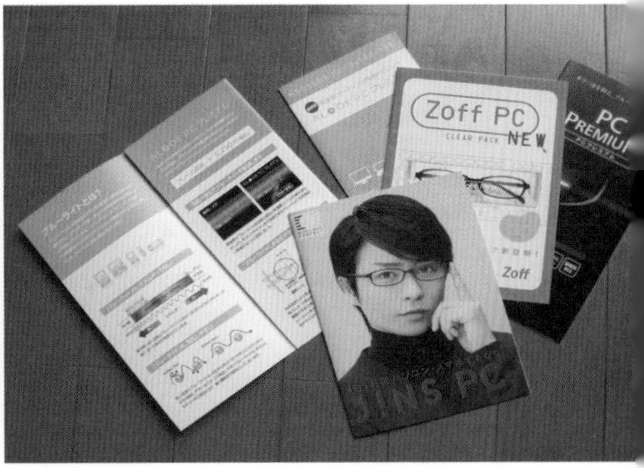

◆名為「xxxPC」的「電腦用戶用眼鏡」已經從每家眼鏡廠商推出。此外，還有生活量販店也開始經營。

十克。這款眼鏡立刻大受歡迎，竟然三年就賣了四百萬副。接著許多家廠商陸續研發、上市輕量眼鏡。這些眼鏡除了輕量之外還訴求配戴感好，因為使用彈力高的新材料，避免鏡腳壓迫頭部側面和耳朵，鏡腳也難以拉開變鬆。

這些眼鏡在廣告上有一個共同特點，就是強調「日本製造」。其實鏡框材料的金屬和塑料很多是輸入貨，在日本進行加工。但廠商對此無所謂，因為小型化、輕量化才是日本廠商不落人後的擅長領域。在鼻墊的形狀、鏡腳的微妙彎曲等細密設計也發揮技術，來提高舒適感。而鏡框的色彩也非常考究日本人的喜好。他們認為，這些設計是只有日本的技術和感性才能創造出來的。

對應電腦時代的眼鏡

應著現代人生活演變，有些眼鏡則發展出前所未有的功能。例如，上述的JINS研發了一款專為電腦常用者而設計的眼鏡「JINS PC」。一般來說，電腦和智能手機的螢幕畫面都用ＬＥＤ液晶顯示器。它們發出的藍色光線，波長很接近紫外線，很容易使得眼睛疲累。廠商宣稱，這款眼鏡採用了特殊鏡片，能有效削減這些藍光。當JINS PC上市的時候，就起用偶像組合「嵐」成員櫻井翔，展開大規模廣告活動，一眨眼就吸引到日本大眾的心。我也不例外，看到其廣告之後就馬上去店家看看，但當時JINS PC只賣沒度數的，讓我灰心地想：「就是眼睛不好的人，才要搶買這些玩意吧？」廠商好像也很快注意到這件事，不久後開始賣有度數的。

此外，還有一款「防止眼睛乾燥」的眼鏡。這款的機制倒簡單，就是在鏡腳接近鏡片的部分設置有小孔的小盒，要用戶在此裝水。據說，戴著眼鏡的時候，水會一直從那個盒子汽化發散，替眼睛供給水分。

防止花粉症

這些年來，日本人開始賦予眼鏡一個新的任務，就是防止花粉症。

聽說花粉症在台灣幾乎看不到，而根據日本一家廣告代理商的調查，現在約有四成日本人患有花粉症，可說是一種國民病。花粉症是過敏疾病，由於某種植物（主要是杉樹）的花粉黏到眼睛、鼻孔內的黏膜，會引起噴嚏、鼻涕、眼睛發癢等症狀。

◆對眼鏡促銷來說，「日本製造」就是很重要的一個關鍵詞。

從一九九〇年代起，因為患者驟然增多，花粉症就成了一個社會問題。當時，出現症狀的話，就只能吃抑制過敏反應的藥。這些藥品往往會有嗜睡的副作用，所以每年到了二月到四月的流行期，就有人苦於症狀，要忍受睏意，勉強上工。因為當時主流看法認為花粉症無法根本痊癒，只能用藥抑制症狀，故讓患者十分氣餒。

現在，花粉症對策有了相當的發展，既有少了副作用的藥，又有接近痊癒的治療法。同時也研發了盡量防止花粉接觸的工具，其中最主要的就是口罩（之後會另行介紹）和眼鏡。

話雖如此，但初期的防花粉眼鏡做得既大型又粗壯，很像工業用或滑雪用的護目鏡，讓用戶有點羞怯於眾人面前使用。但隨著患者增多，其後不僅進行了小型化，在形狀方面也有了發展，如今的主流設計與一般眼鏡幾乎一樣了，仔細看才會發現鏡框附有覆蓋眼睛周圍的透明套子。

研發力量的源泉是一個城市

這些新款設計和製造，其實大部分都由一個專門產地承擔。福井縣鯖江市是一個已有一百多年歷史的鏡框產地，現在國內產品占比竟達96％、還在世界市場占有兩成。最近，此地的鏡框業者聯合聘請知名設計家和經濟專家，希望更加提升產品企畫、研發的力量。

幾年前，谷歌發表了眼鏡型智能手機，引起注目。這款眼鏡現在已經停止了開發，但很多日本人也注意到它，幾家廠商還繼續研製眼鏡型ＩＴ工具。依我看，「日本製造」產品還不應該離開「保健」和「安全」的概念。實際上，JINS品牌在二〇一五年推出了一款具有保健儀器功能的眼鏡，是用幾種傳感器測定身體和精神的狀態，透過智慧手機給用戶提供保健、健身資訊。

我非常期待日本某些廠商在此考量下，會繼續推出突破性的產品。要說我個人的希望，如果將來有「揉開」眼睛疲勞的眼鏡問世，該有多好（笑）。

◆最近很受注目的防花粉眼鏡。

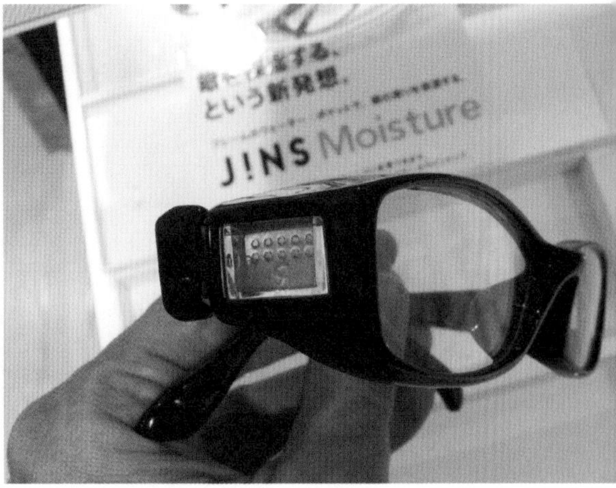

◆為防止乾眼症而推出的「JINS Moisture」，其實構造很簡單，是在鏡腳放一個有孔小盒，裡頭裝水。

口罩——為了避開病原菌，還是……？

日本人是口罩人？

最近看到一篇消息，一位造訪東京的外國人說：「我最驚訝的就是，日本人都戴著口罩逛街，多麼可怕！」

他說得對，近年日本有很多人戴口罩。尤其是比較寒冷的冬天到早春，日本街上、公車上就充滿了戴口罩的人，對住在東京二十多年的我而言，好像也有點離奇。恐怕這種人的比率，愈接近城市愈高。

口罩，以前被看做是一種專門用具，只有醫療、衛生方面的專業人員才會戴。就日本過去的情況來說，到一九九〇年左右為止，一般人幾乎不會在公共場所戴口罩，充其量是孩子們感冒的時候，聽父母吩咐，很不情願地戴口罩上學。所以當你看到街上有很多人戴口罩，就難免覺得奇怪，甚至有點害怕。可是如今，日本城市居民已經看慣了這些情景。

口罩人增多的兩個契機

現代日本人為什麼這麼愛戴口罩了？看來有兩個大契機。

首先就是九〇年代後半以後，花粉症患者數大幅度增長。當時的花粉症藥都含有引發睡意的成分，會影響到工作和學習，不少人不願積極使用。還有，花粉症最佳的對策莫過於阻絕花粉。因此，向來是專業人員或者感冒孩子才會用的口罩，一舉成了老百姓的生活必需用品。

引起花粉症的最大原因來自杉樹的花粉，故杉樹發出花粉的早春時期就有很多人戴口罩，但其後，其他植物花粉也逐漸進入花粉症病原的行列，「口罩季節」也就漸漸擴大了。

◆三月的東京電車車廂裡。這個季節流行花粉症，還有些人感冒，因此戴口罩的人非常多。

另一個契機在二〇〇九年前後，發生甲型H1N1流感的大流行。致病的原因來自一種剛出現的病毒，因還沒有有效的疫苗，又不知道什麼時候會變種，更加強了毒性，於是日本社會陷入一種歇斯底里狀態。日本政府也害怕在國內流行，聲稱「要防止病毒上岸」，極度強化了國際機場的檢疫措施。

在此，日本人對「流感」的認識就從「只不過是感冒吧」，轉變成「是有可能致死的病症」了。據說，口罩不能完全地預防病毒，但要是挑選品質好的，又以正確方法使用（就是儘量密切地覆蓋嘴和鼻子周邊），就能夠做到某種程度的預防。於是不少人即便很健康，也開始在感冒流行期戴口罩了。如今在這些季節，尤其是人口很密集的城市中心，愈多人戴著口罩，你會愈感安心。

口罩的功能躍進

現今有很多人戴口罩，其功能也就因應種種需求而發展起來。

◆包裝上印的「空中微粒子遮擋比率99%」是當今口罩最基本的性能。

一來是提高過濾性能。前一世代最常見的是用幾張衛生棉紗布疊起來的那種，大小只能覆蓋到嘴和鼻尖，但現在已經幾乎看不到了。取而代之的是用無紡布，尺寸大到可以覆蓋從鼻梁到下巴下面，幾乎是整個臉龐下半部，還有以立體形狀，能夠緊密沿著臉型戴上的那種。很多款式就在上緣裝入細鋼絲，有的會貼上M型的海綿，用來填滿鼻樑兩側的間隙。

最近上市的口罩都會在包裝上寫百分比等數據，明示防止花粉進入的比率。藥妝店賣的大多產品都提到「99%」的數據，但價格貴一點的還有99.5%、99.8%的，看來它們進行著以0.1%為單位、趨近100%的劇烈競爭。還有一些產品聲稱使用現代高科技，像是在口罩表面塗上光觸媒，可分解花粉過敏原和幾種病毒。

除了阻斷病毒進入之外，口罩還有一種預防感冒的功效，就是保持嘴裡的濕度以免讓喉嚨和鼻黏膜乾燥。一

◆如今，口罩就占了藥妝店賣場不小空間，有多姿多彩的款式和功能。

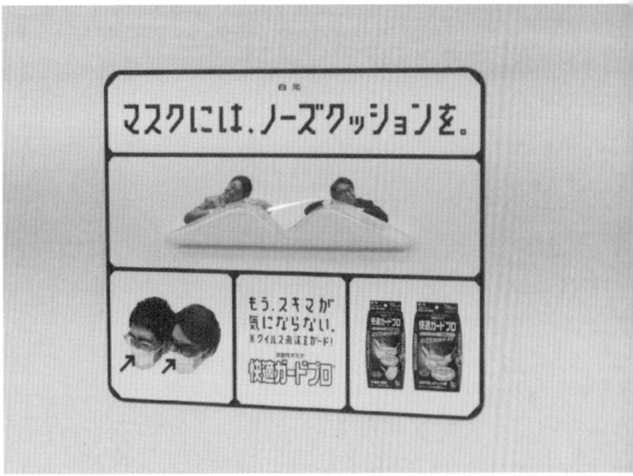

◆上邊裝了M型海綿來填滿間隙的新款口罩的廣告。

些口罩產品訴求提高了這個保濕功效，像是口罩布內部裝了含水分的過濾材料，以隨著呼吸供給濕氣給喉嚨。還有一些款式塗上了香草香料，能讓喉嚨爽快些，也有塗上肌膚保濕成分來保養口罩會接觸到的肌膚。

還有，口罩使用過幾次，就會因雜菌繁殖而散發出令人不舒服的氣味，對此，有些款式採取了一些對策，例如對材料施加抗菌加工、用活性炭過濾材發揮防臭功效。雖說是一個簡單的用品，也有很多細節可以發揮，藉以滿足消費者的需求。

口罩不用愛漂亮？

話說，最近很常聽到某些鄰國的大氣污染愈來愈嚴重，微細懸浮粒子跟黃沙會一起飄到日本，給人體帶來壞影響。這些消息很可能助長日本人依賴口罩的心情。看看國際新聞，那些鄰國的人們很多也都戴口罩逛街。我進而發現，那些人的口罩具有很多的色彩和花樣。的確在日本口罩人口增多的時候，上市了一些講究「時尚」、「可愛」等因素的款式，像是用柔和色彩畫上可愛圖案的、配了裝飾貼紙的等等。可是，現在不見得有很多人關注這種漂亮款式。觀察街上、電車裡，口罩的形狀和功能出乎意外地多樣，但大多是素白色，只有一些小孩會戴有可愛花樣或動漫角色的款式。

由此看來，日本人挑選口罩的標準並不包含「發揮個性」、「修飾」等因素。甚至也像是認為，如果因為保健上的理由戴了口罩，卻還要發揮愛打扮的態度，這樣會受到批評！

口罩表現的「埋沒願望」

最近在年輕人之間看見前所未有的口罩用法。他們既不是感冒了，也不是患有花粉症，總之沒有什麼合理理由要戴口罩。但為什麼？為的是，要遮掩自己的臉。

這個現象在二〇一一年由某家報紙報導之後，即受到世人關注，據說這個傾向多見於高中生到二十幾歲的年輕人。此報導還提到他們這樣做的理由有：戴了就有安心感、不願意表現本來的自己、要讓對方看不到我的表情、可以不露出臉就覺得輕鬆一點了等等。

◆用香草香料配上芳香的口罩。廣告訴求愛漂亮的風格，但產品除了有淡色之外沒有裝飾。

◆「保濕口罩」除了在乾燥季節使用之外，也推薦睡覺時使用。

這個現象被稱為「だてマスク（伊達口罩）」。很有趣的是，「だて（伊達）」一詞原本就指「瀟灑、大方」，又衍生出「擺樣子、講究排場」的意思。但「伊達口罩」卻代表著與此相反的心理，就是「不願意被別人看」，「要在眾人中埋沒自己」。

其實，這個心理好像在一些以正常理由戴口罩的人們也有跡可循。我本人也是感冒就會戴口罩，但每次恢復了，再也不用戴之後，也會有一種「放不下口罩」的感覺，因此過幾天繼續戴。總之，日本人對「埋沒自己」會有一種難以形容的安心感，而口罩在這個意義上，很有用處。

防臭、抗菌志向
——愛社會？愛自己？

愛清潔不是熱潮

日本人非常喜歡談外國人怎麼看日本人。在電視、網路經常可見這種話題，其中一個比較多見的是「外國人驚訝日本人有多麼愛清潔」。沒錯，我有時也覺得一些人愛清潔的程度，幾乎達到了病態的地步。

日本人是從什麼時候這麼愛清潔的？對此，好像有很多看法。一些人說，一九六〇年代的東京奧運會使得大眾意識到外國人的視線，促進了清潔化。一些網站則寫，一百幾十年前的一些紀錄已經提到歐美人士造訪日本時，驚歎了日本社會的清潔程度。還有另一些人主張，日本古代宗教上的「洗清＝避邪」意識構成了愛清潔文化的基礎，甚至有些人提出有點古怪的見解，就是日本人比其他民族虛弱，為了提高生存率，不得不保持清潔。

總之，這個問題好像沒有定論，所以我隨便想像一下，也沒有問題吧。我的看法是，日本氣候比歐美很多地域高溫多濕，社會發展也比較早（約在一千三百年前形成了統一國家），所以衛生意識也比較早提高。

無論如何，我們可以認為，日本人古來對清潔就比較敏感。這幾十年間，這個意識愈來愈高了。

還有，很多日本人覺得「愛清潔」是其他國家人民沒有的一種美德，很多廠商和零售商意識到此事，陸續推出五彩繽紛的相關產品。如今，「清潔」成了在日本市面上影響力很大的一個關鍵詞，特別是與防臭、抗菌有關的產品很有勢頭。

防臭：要成為全身無臭人

幾年前，有一款產品一上市就博得民眾支持，是具有去除屁味功能的男用內褲。廠商聲稱，這款產品所用的纖維材料含有奈米級陶瓷粒子和金屬離子，它們能很快吸附、分解惡臭粒子。這款內褲原本是為了對應醫院及看護設施住院者的遺尿、遺糞問題所研發的，但上市後卻吸引了一般男人的關注，尤其是常有機會接待顧客的上班族對此也有興趣。

介意自己屁味的人當然有很多，但很多日本人也介意身體其他部分散發的氣味。我認為這些情況相應的背景是日本人很關心別人怎麼看自己，還有日本地極狹人稠密，使得不少人容易聞到別人發散的體臭，結果開始意識到自己會發散什麼氣味？

其實，我意識到這件事是某一天，在比較擁擠的電車車廂裡，不由得聞到別人口臭的時候。怪不得，電車牆面貼著預防口臭產品的廣告。像是：

食後の息は、見えない凶器だ。
〔飯後的氣息是一個無形兇器〕
——明治公司禮節口香糖「BREATH」廣告（二〇一三年四月）

息はほぼ、顔。
〔呼氣幾乎等於長相〕
——LOTTE口香糖「AQUO」廣告（二〇一三年十二月）

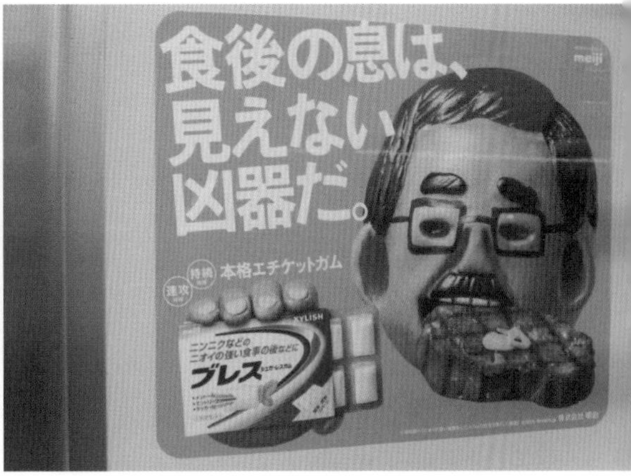

◆「呼氣幾乎等於長相」、「飯後的氣息是一個無形兇器」，禮節口香糖的廣告表現愈來愈有煽動性。

預防口臭的產品向來有很多，但我覺得這種產品的廣告最近愈來愈多了。產品種類也顯得增多了，除口香糖、糖果之外，也有牙膏、漱口水之類口腔保養品，還有某種膳食補給品，據稱能保持腸內細菌的平衡，以抑制消化物產生惡臭。

還有經常看到以汗臭、體臭為對象的防臭用品。想要預防的體臭，男女向來有差別，大致上男性是腳臭，女性是腋汗臭，但最近顯得逐漸共通化。此外，有關媒體也提出了一些「新領域」的體臭，像是頭皮臭、加齡臭（老人臭）、疲勞臭、還有胖人臭等等，來推銷相關產品。

頭のニオイが気になっている男性
なんと　81％！
〔居然有81％的男人介意頭皮臭〕
——花王公司 洗髮精「不必用到護髮乳的MERIT」廣告（二〇一三年四月）

◆女鞋用香噴劑的廣告。標榜它有肥皂香。

◆抑制頭皮臭的洗髮精廣告。主要訴求是針對男性上班族。

順便說一下，日本人預防體臭的辦法一向是以除臭為主，但這幾年來好像增加了用芳香掩飾臭氣的方式。再說，那些「芳香」很多也格外強調「清潔」，例如，有一天我在某家店看到「洗髮精香」的女用體香噴劑。就我來說，如果看到散發著洗髮精香逛街的女人，可能不會有太好的印象，並且會想：「她應該用心點洗澡吧！」但這個趨勢似乎愈來愈強，一些洗衣劑、衣物柔軟精等產品，除了花香、水果香之外，也陸續推出肥皂香的款式了。

抗菌：看不見才會引發不安

在日本的超市、商業大廈、公共設施的門口附近，常會看到一、兩個塑膠瓶，內容物是酒精消毒劑，向客戶和使用者建議以此清潔手指。

據我所知，這種瓶裝消毒劑以往只在醫院使用，在

◆用銀離子溶液的濕面紙。標榜能抑制雜菌繁殖，防止散發體臭。

◆手用消毒劑的廣告。主張電車的吊環多麼不乾淨。

二〇〇九年前後很快就普及了。當時，甲型H1N1流感病毒在世界各國猖獗著。這種消毒劑受到大眾的關注後，很快上市了裝在小瓶的家用版本，還有一次用的塑料包。

說起來，現代社會有太多機會拿到、摸到、握到「不知道以前什麼人摸過」的東西，像是公車上的吊環和扶手桿。某些廠商著眼於此，推出了一種手指保護工具，就是布製套子，當要抓吊環之前纏在手指上，防止皮膚接觸吊環。

同時期，一些車站和大規模商店手扶梯有了一個變化，就是扶手上面寫著「請握住扶手」，以及「抗菌」標誌。我猜想，此大概是因為有以下的事情發生：有一些人太害怕病毒了，以至於不願意握扶手，結果跌倒事故增加，讓鐵道公司、商店不得不採取對策。

家庭也需要「抗菌」了。最近一些家用抗菌噴霧劑很受歡迎。它多數是利用銀離子來抑制細菌繁殖，以對人體刺

◆現在有一些電器廠商推出離子式除菌工具。除多種尺寸的空氣清潔機之外，還有吹風機。廠商聲稱，他們研發的離子也有保養頭髮的功能。

◆防止直接握到吊環的布製套子。

激比酒精藥劑少、更安全著稱。此外，洗碗液也有含除菌成分的，聲稱除了洗碗之外，也可以塗在切菜板上面、讓它滲到海綿裡，就能有效除菌。

另外，空氣的「除菌」也受到關注了。五、六年前，空調、空氣清淨機就出現了新領域功能，即用某種離子來除去空氣中的一些病毒，以及對一些細菌進行不活化。還有，最近也比較常見到利用二氧化氯的「空間除菌」產品，有瓶裝芳香劑款式、噴霧器款式、垂飾形款式等等。

就這樣，現在可以看到多姿多樣的抗菌、除菌用品。但這些產品真的擄獲消費者的心、扎根在他們的生活了嗎？其實不太肯定。我會這樣想的理由是，上面提到那些商店門口的酒精消毒劑，這一兩年來沒有看過有人實際使用。看來，看不見病原菌就很難感覺到實際損害，過了一陣子就會忘掉當初的危機感吧。但，一旦有衝擊性報導，民眾就會過分地恐懼，過分地關注這件事。所以，現今電視廣告和生活資訊節目當中，很常看到細菌、病毒等看不見的威脅的可見化手法，像是放大、培

◆用二氧化氯的抗菌工具，有各式各樣用法的。

養、電腦成像等，讓觀眾震驚，不得不注目。

與「公共」概念相反

我認為，其實上述的防臭、抗菌志向，與日本人所謂「愛清潔」的國民性似乎不一樣。

在公共場所保持清潔的習慣，可以說代表著日本人的公德心，也反映著不願意讓人為難的性格。但現代的防臭、抗菌志向好像來自別的心性。我以為，講究防臭就反映著不願意受到別人批評的心情，講究抗菌的理由是因為恐懼來歷不明的東西對自己會有壞影響。總之，這些都來自「只管自己」的想法，與公共概念恰恰相反吧。

其實，這些防臭、抗菌行動未必基於合理依據，所以往往做得過分，甚至到了太超過的地步。再說，這些行動連是否是認真期待實際效果而做的，都不太清楚。例如，對於上面那些「離子式空氣清淨機」和「二氧化氯」產品的實際效果，一些報導提出了疑問。但很多消費者顯得不太介意這些事情，結果這些特點仍然能提高產品銷售量。

總之，防臭、抗菌熱潮代表的可能是，日本人只想著「跟壞東西保持距離」，不問方法是否正確、有效果。所以依我看，這些產品熱銷的情況內含著一些危險。

甜睡用品——睡得有效，以備少眠生活

日本人睡眠不足

不知是體力較低的緣故嗎？我經不起睡意。特別是吃完午餐之後，很常會有強烈的睡意襲來，非常難受。如果我在家就會躺一下，乾脆睡個二、三十分鐘，但搞不好會睡到一個小時，真難辦。

可是，不是只有我一個人才這樣睏。根據ＯＥＣＤ（經濟合作與發展組織）二〇一一年發表的調查報告，日本人平均睡眠時間為七小時四十三分鐘，離最短的韓國人只有多幾分鐘。另外，日本一項調查指出，日本人在這

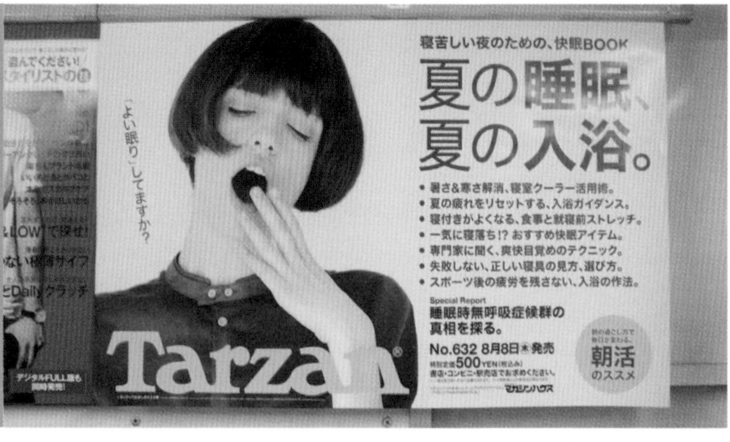

◆睡眠一詞，不論是哪個季節，都是一個重要的生活關鍵詞。

三十年之間少睡了四十分鐘。還有一些報導說，日本成年人有七成對自己的睡眠情況不滿，像是「睡完覺也沒有化解疲勞」、「白天也常有睏意」等等。看來在日本，大多數人都忍受著或多或少的睡意過日子。

但是，說到人必要的睡眠時間，好像有諸多看法。我小時候很常聽到「小孩睡十小時，大人睡八小時才理想」，但最近看過兩個電視節目分別說，大人睡七小時半、六小時就好。這比上述日本人平均睡眠時間還要短了。甚至還有「必要的睡眠時間，每個人都不一樣」這種極端說法，查得愈多，愈模糊不清，我決定不查了。

無論如何，很多日本人不認為自己睡眠足夠。但其實，也不見得想睡得更久。

「質量」才重要

最近，日本市面上有關睡眠的產品愈來愈多。在著名的城市型生活雜貨店「東急HANDS」，床上用品的賣場相當大；某些大規模家具店隔兩、三個月都會舉辦睡床展銷會；電視報導節目的新產品介紹欄目也很常提到新研發的床上用品。

這樣說，你們會想：「瞧，果然日本人還是需要足夠的睡眠吧？」這個想法對，但這些都不是為了慢慢享受睡覺的產品。例如，東急HANDS的賣場有這些文字：

提高睡眠的質量

按照需要　採取對策　睡得健康

問題不是睡眠時間多少，而是睡眠質量好壞。換句話說，你從睡眠中獲得多少休息效果才是重點。這些產品的目的都是要在有限的睡眠時間當中，盡量提高睡眠品質。

用電子工具管理睡眠

在床上用品賣場會看到五花八門的產品，像是擴展鼻孔，使呼吸變得更輕鬆的小工具；旁邊有音樂ＣＤ，聲稱它會作用於自主神經來鬆弛精神；也有一種眼罩，材料混入某種陶瓷炭，為的是緩解眼睛疲勞；還有盡量減低對耳朵造成壓迫感的新設計耳塞等等。我不由得感歎，提高

◆東急HANDS雜貨店賣場有多彩多姿的安眠工具。

◆不少家具商時常舉行睡床展銷會。

睡眠質量的方法，居然這麼多啊！

此外，架上還看到了一個很像廚房計時機的工具。其用法是上床時放在枕頭，它就以內藏的加速規測量身體的動靜，藉此算計、記錄用戶的睡眠時間。它又能與智能手機連結，瀏覽、管理睡眠時間。同時還有鬧鐘功能，就是臨到事先設定的起床時間之前，檢知身體動彈，看準容易睡醒的時候就響起鈴聲。

這個工具有進階機型，其功能是用微弱電波，檢知翻身動作和呼吸狀態，除了睡眠時間之外，還能測定睡眠深度。它當然也配上專用軟體，不只能管理睡眠信息，還能應著信息，提供為提高睡眠質量的生活改善建議，像是少攝入點咖啡因、多做些運動等等。另外，用戶實行這些建議的時候，還會報告睡眠質量改變了多少。這個工具可真是無微不至，好像雇用了一名睡眠專用的生活顧問。

還有，知名家電廠商SHARP於二〇一二年上市了一款ＬＥＤ室內燈，它的光色可以調到「櫻花」色。據說，櫻花色光線具有舒緩緊張、癒療心情的效果，上床前待在這個光線下，就會較快入睡。

（※據悉，SHARP在二〇一三年年底停止了生產家用照明器具，所以這款商品也已經不銷售。）

床枕也幫助安眠

也有愈來愈多的床上用品，訴求讓你睡得很熟，在保健用品領域占了相當重要的地位。其中，名叫「AIRWEAVE」的床枕品牌比較引人注目。與常見那些做得超蓬鬆的墊子不一樣，AIRWEAVE墊子彈性相當高，據稱這樣才讓用戶容易翻身，享受甜睡。此外，在夏天的「節電」熱潮下，裡頭裝滿了凝膠的「涼感床墊」，十分暢銷。

還有，最近很常見desk pillow（桌上枕頭）這種產品，大概是上班族準備在辦公室，要熬夜工作的時候用來打盹的吧。它的形狀，很多是比頭還大一點的甜甜圈或馬蹄形，使用者可以把面孔塞在它中間的洞，俯在桌子上睡覺。不知道這樣到底睡得香不香？只是看到放在購物網站上的「使用中」形象圖片，就不禁苦笑。

◆AIRWEAVE墊子廣受日本不少運動員好評。

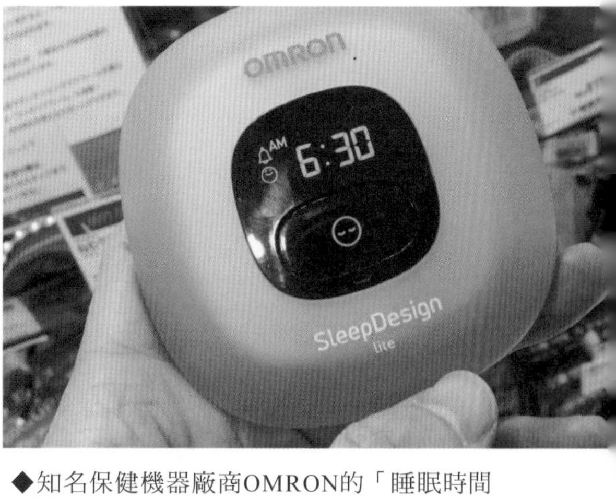

◆知名保健機器廠商OMRON的「睡眠時間計」。

社會默默要求少睡覺

日本人睡眠不足這個看法，長期以來很常被提到。但人們開始關注睡眠「質量」，可不是那麼早的。一個契機應該是三一一後的核電站停機，此時很多日本人怕電力危機，引起了大規模「節電」熱潮，連在夏天晚上都要控制開冷氣（不過實際上，晚間的消費電力本來不多，使用空調也沒有問題）。最近日本夏天的悶熱不亞於熱帶，夜晚不開冷氣就無法睡得太香。還有，由於三一一後的不安心理，很多人苦於失眠。這些情況下，大眾意識到「安眠」是一個不能輕視的健康因素了。此後，那些有點極端的節電熱潮開始消退，人們的不安心理也不那麼嚴重了。但對睡眠質量和效率的需求沒有消失。

其背景有幾個因素，例如是「要提高工作生產性」這種壓力。這幾年來，日本經濟一直不容易好轉，並且目睹了一些鄰國的經濟發展，「我國不久可能失去經濟大國的地位」這種不安感就增加了。在這些情況下，很多企業對職員要求做事都要快點、多點。每個人擔當的工作既多又複雜，而且疲累了也不能得到很多的休息時間。因此，每個人不得不關心提高睡眠的質量和效率。

上述是工作方面的因素，還有娛樂方面的因素。例如，日本的電視台現今大多每天二十四小時播放，只有一、兩個教育台在深夜會停播。還有，東京也有愈來愈多的飲食店和娛樂設施營業到深更半夜。另外，這幾年來急速普及的ＳＮＳ（社群網路服務）和線上遊戲，必定讓很多人在晚上回家、吃完飯後，還要花幾個鐘頭玩。想到這些，我不得不覺得，整個社會呼籲人們不要睡覺。

二〇一三年四月，東京都首長發表了一個構想，要通宵運行東京都心的一些公共交通工具。我不知道這個構想會不會實現，但想想這算是暗示今後日本社會的一個例子吧。看樣子，我們還得更加提高睡眠的質量和效率了。

保健儀表
——你還不知道什麼是真正的健康

體重計在哪兒賣!?

我女兒上了中學之後，好像對自己體重開始在意了。於是，某天我與老婆一起去電器行買體重計。

老婆對這種機器要求不太高。她說：「不用買數位或多功能的，買台最普通的就好，例如裡頭的刻度是圓盤轉動的……」可是到了電器店，我們才發現，如今這些「普通」根本不是普通的。

我們去的電器行，體重計賣場不太寬廣，只有兩個幅度約有四至五公尺的產品架面對面擺著，架上則擺放著展示產品。當初我們只想趕快找出並買走那台「具有刻度圓盤」的，但找了半天也找不到。結果，買了一台最便宜的數位體重計之後，才發現一台圓盤式體重計就掛在一個最不顯眼的角落。

產品架的中心擺有好多一味講究多功能的進化款式。有一台上面貼著「暢銷榜第一名」標籤，據說它除了體重之外，還能測定內臟脂肪量、骨骼肌率、身體年齡以及ＢＭＩ（身高體重指數），並能儲存一次測定數值。而價格近一萬日圓的款式，它能夠測定的項目更多，像是體重中肌肉占有的重量比率、基礎代謝率，甚至有平衡年齡（將支撐身體、維持姿勢的肌力換成年齡的數值）這個我聞所未聞的指數。這台儀表連名稱都已經不是「體重計」，而是「身體組成平衡計」。

附帶一提，我們買的那台最便宜的體重計，其實也不是只能量體重，還能測定體脂肪率、內臟脂肪量以及計算ＢＭＩ。

用數值掌握健康

這麼說來，近年愈來愈多的中年人帶步數計行走，

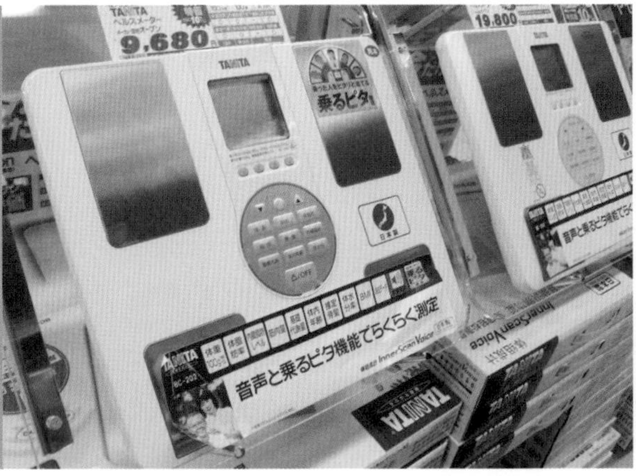

◆一台體重計居然設有這麼多按鈕，為的是什麼？

◆只是體重計，款式卻這麼多。

它也出現了好多進化款式，即名叫「活動量計」的玩意，不僅僅能計步數，還能測定你整天二十四小時內做的運動、工作、烹調、與朋友談天、甚至不做什麼待在房子裡的消耗熱量。還有二〇一三年問世的一個新概念款式，就是能夠檢測、評分人行走時的身體姿勢，還能建議正確的行走姿勢。廠商宣稱，行走姿勢好不僅會給人留下好印象，還能有效瘦身和維持健康。

另外，也有原本是醫療專用儀表「民生化」的例子。比如說，家用血壓計、便攜式心電計，還有在前一篇所介紹的「睡眠計」。這些儀表大多有上網功能，能夠把檢測數值傳到個人電腦和智慧型手機，用專用軟體記錄、管理數值。換個角度來看，網路技術高度發展即促進了這些機器的研發、上市。

其實，這種「健康的數值化」趨勢並不是與網路技術同步發展的。十多年前，在女性雜誌和保健媒體就常見計算身體各部分「年齡」的手法，像是肌膚年齡、腸年齡、骨年齡、血管年齡等等。這些不是用工具或儀表測定的，而是用問卷推測該部分的健康程度，換成分數後，根據得分多少再分配到年齡的。

這些「××年齡」的測定法不一定有醫學依據，很多就像八卦雜誌常有的性格診斷或算命占卜之類。讀者們也不是太期待正確性和信賴性，能得到聊天題材就行。

而現在，隨著ＩＴ發展，我們也能夠得到自己身體情況更可靠點的資訊了。不過，我從保健儀表熱潮感覺到的是更認真的、甚至有點嚴肅的氣氛。此正顯示出，日本人對健康的不安心理。

「隱性」病症的恐怖

如今，很多人即便感受不到自己有什麼健康問題，也不能明確地說自己身體健康。有一個名詞很能象徵這個心理，就是「隠れ（隱性）××」，在××部分可放入各式各樣的病症名詞。

一個最常見的說法是「隠れ肥滿（隱性肥胖）」。據說，人體擁有的脂肪組織有兩種，一種是儲存於皮下的皮下脂肪，另一種是附著在內臟周圍的內臟脂肪。而內臟脂肪多的肥胖，從外表看來就

◆「活動量計」的種類也相當多，每款都針對特定對象和用途，像是上班族的防胖、愛好運動的人士管理體態、中年婦人瘦身等等。

不顯得那麼胖，因此稱為隱性肥胖。

聽說，隱性肥胖與通常肥胖相比起來，健康風險更大。我看過一些保健網站解釋，內臟脂肪太多就可能損害體內生理活性物質的平衡，容易引起高血壓、糖尿病、高血脂症、動脈硬化等「生活習慣病」。另一個網站則提出了更接近大眾感覺的句子：「患有隱性肥胖的人，因為外表不顯得胖，患者往往不會察覺異狀，也不會想改善生活，致使病狀持續惡化，風險很大。」

看來，沒有比不可視的危險更可怕的東西。

老常識不太可靠了

這些年來，媒體介紹了愈來愈多的隱性病症，例如隱性糖尿病、隱性失眠、隱性心律不整、隱性心肌梗塞、隱性肝炎、隱性腎病、隱性脫水等等。

每個疾病冠上的「隱性」一詞，包含的意思不一，像是難以自覺、透過一般檢查難以發現、在意想不到的條件下就會患上等等。但會讓人有一個共同印象，就是「不知什麼時候症狀惡化」、「有一天會產生生命危機」的恐怖。

隨著日本人生活方式大幅度變化，我們就覺得很多以往通用的保健常識不太可靠了。加上各種媒體都重視向大眾提供保健信息，連一些過於細微，或是只與一部分人才有關的信息都不錯過，接連不斷地播放。在這種情況下，很多日本人開始擔心自己體內也可能存在著什麼健康風險，如果有的話，希望能夠儘快察覺到。我看，就因這些不安心理讓現今的保健儀器這麼發達。

但這些熱潮說不定會帶來不一樣的健康風險。比如說，因過於在乎健康，而心情持續受到「隱性壓力」，致使患上「隱性抑鬱症」或「隱性胃痛」……這些只是玩笑話，但未必是不可能發生的事情。因為現在大概沒有一個日本人被人說：「你好像累積了不少精神壓力」，能夠信心滿分地回答：「沒這回事啦！」

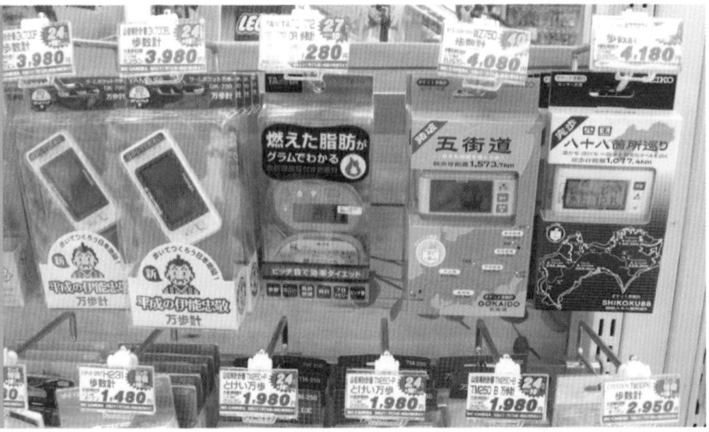

◆只有計步功能的初階步數計也引入一些眾人所知的「情節」來鼓勵使用者，例如把步數比作「四國八十八所寺院巡禮」。

美容家電——探求神祕美，但還在路上

粉紅色的家電賣場

從幾年前起，很多家電量販店的一部份商品架、裝潢都改用粉紅色了。這是專供女性用的「美容家電」區。

美容「工具」向來就不勝枚舉，但說到「家電」的話，除一次性流行產品之外，原本種類不太多，至多有吹風機、離子夾、除毛器什麼的。但如今，這個女人特區愈來愈擴大，商品也五花八門，其中也有乍看之下不太清楚做什麼用的。我是一個中年男人，對這些領域從來沒有什

◆美容家電曾經是只有一些無名廠商才推出產品的小生意，但二〇一一年前後，日本代表性家電商PANASONIC加入以後，就急劇擴大了。

麼知識和興趣，這次為了看一看商品而走進賣場，逛了一陣子就頭暈了。

儘管這樣，我還是去了兩三趟進行觀察，看了宣傳品和相關網站有所明白，這些產品以機制可以分成幾類。

❶動力派系

用小型馬達使可動部件旋轉或振動發揮功能，總之算是替代手指的作用。

有一台手提型洗臉機器，內置馬達，上部裝有像螺旋槳一樣的部件。給它放入水和洗臉霜，只花五秒鐘就能做出大量的細柔泡沫。隨後將機器貼在臉部就能把泡沫塗在肌膚，同時發起細小的振動來洗淨肌膚。螺旋槳還可以換刷子，來進行更細緻的洗臉。

聽說，很多女人習慣在臉部美容時做一個動作，就

◆美容家電賣場，在一部分商品架、牆壁都多用鮮豔的粉紅色，非常引人注目，又容易被發現。這幾年來，賣場愈來愈大了。

是用手指輕輕地敲打臉部肌膚。而有一台電動工具宣稱能承擔這個麻煩作業，它竟能進行每分鐘一千八百次的敲打。這也可以說是人力根本做不到的作業效率。

還有，在洗頭時所用的頭皮按摩機也受到歡迎。它裝有一個長了很多突起的合成橡膠製部件，開機它就做畫圈一樣的動作，以按摩頭皮。它也有男人專用的款式，但其形狀與女人用的幾乎一樣，從產品型錄上看不出來兩款功能有什麼差別。

一些美容機器還宣稱是再現了專業美容師的手藝。例如，有一台機器長得像女人的手，五根長指由馬達分別做複雜的振動，用此輕輕按摩頭皮。

◆PANASONIC洗臉美顏器。透過馬達很快做成大量的濃密泡沫，幫助洗臉。

❷溫熱派系

這類是利用電熱功能來緩解身體一些部位的疲勞和痠痛的。最近較引人注目的是由一家著名家電廠商推出的眼睛熱敷器，它很像一個沒有透鏡的滑雪護目鏡，用電爐和蒸氣來加熱眼睛周邊。我想它的確會很舒適吧，但也摸不清與美容有多少關係。但產品型錄上寫有「讓眼睛周圍更有彈力光彩」這種詞句，好像被認為有美容功效。也有腳專用的加溫器，它很像並排了一雙滑雪靴一樣，用遠紅外線和蒸氣加溫。這應該是專為寒症設計的，有保健的性質，但也在「美容家電」的產品型錄上登載。看來美容和保健之間沒有明確的界限。

當然也有專為美容而研製的工具。一台機器像電動刮鬍刀一樣大，上部有金屬圓盤，是用內置電爐加溫的。據廠商解釋，把圓盤壓在臉龐上，用電熱打開毛孔，塞在毛孔裡的污垢和粉底就容易去掉。

③電氣刺激派系

「低周波治療器」這個醫療機器，就是靠微弱電流來減輕肩膀和腰的痠痛，向來在醫院和針灸診所才能見到。在日本，八〇年代就出現了這種機器的家用款式，最近又上市了主要訴求對象是職業女性的美容版本。一些款式做得很小巧，可以放在包包裡帶走，或者像項鏈一樣掛在脖子上，走在外頭或坐在書桌前，也隨時可以進行電氣按摩。

另有一些機器據稱把電流用於肌肉鍛鍊。有一台機器做得像護腰帶的形狀，在步行、跑步的時候，隨著腹肌動彈給予電氣刺激，幫助收緊腰部。據悉這種機制叫做「ＥＭＳ（Electric Muscle Stimulation）」，也有一些機器用此進行活化臉部表情肌。另外，也有產品自稱利用微弱電流，能幫助維持美膚。據相關網站說，這些「微電流（microcurrent）」與人體內的「生物電流」極其接近，能有效促進肌肉細胞合成膠原質。

❹放光派系

「光美容」是最近顯得很有勢頭的美容名詞之一。據悉，這是原本在美容沙龍提供的脫毛技術，有一些廠商引入了這個技術，研發了家用美容機器。

這種機器的機制是，用強光照發毛部位，毛就發熱，這股熱傳到毛根，傷害毛根細胞。每天持續用它，就可以阻礙毛髮生長，使得體毛逐漸不顯眼。據說，這種機器只對黑毛才有效，對西洋人等毛色比較淡的人沒用。現在這些工具好像很有人氣，某個網站介紹相關產品的市場規模，從二〇一三年到二〇一四年就擴大一倍了。

❺超音波派系

一些機器則是將超音波利用於美容。主要產品是所謂的「超音波美顏器」，是由直徑幾公分大的金屬圓盤高速振動，由此產生超音波。據說，將此儀器貼到臉部，「超音波」就傳入皮下達到多樣效果，像是去掉毛孔裡的污垢、預防粉刺、改善肌膚鬆弛、提高彈滑性、提高保濕力等等。

也有不一樣功能的機器，是把專用化妝水變成霧氣，噴到臉上，保持滋潤。在此，我有一個疑問，這個作業真有必要用電力嗎？用噴霧瓶不行嗎？對此我找不到答案，大概用超音波的話，霧水的粒子會更細小吧。

⑥ 離子派系

本書〈防臭、抗菌志向〉章節裡，我曾提到一種空氣清潔器，它利用某種離子的作用不活化空中一些細菌。這台機器的製造廠商就應用這種離子，也研製了美容家電。據說明，此離子在美容領域被期待發揮不一樣的功能，一是因為它被裹在水分裡，在肌膚上能保持水分；另一是因為它是負離子，能消除毛髮發生的靜電（這有正電荷），來防止頭髮散亂。利用這種離子的美容家電，首先吹風機走紅，臉部噴霧器也趁機問世。由我看來，這些是現在美容家電熱潮的引子之一。

此外，一些機器稱利用離子正負電荷的吸引、推斥力，能把化妝水推到皮下深處，又能拉出毛孔裡

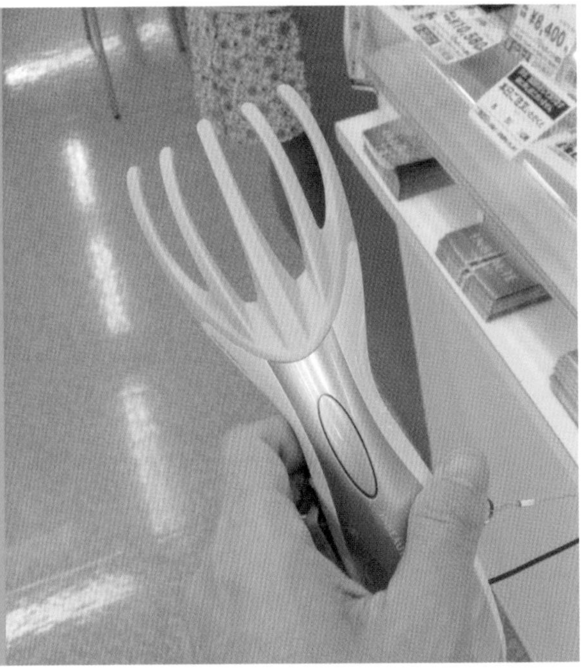

◆一款美容家電做得很像女人手。在手腕部分有按鈕，開機手指就開始高速振動，用此來按摩頭皮。據一家量販店的解釋，在入浴前使用，就可以使頭皮污垢冒出來，讓人容易清洗。

的污垢和卸不了的粉底。

原理簡單卻難尋說明

離子、光美容這些名詞，不禁會讓人覺得這些產品大概是某些高科技帶來的成果。但據我所查，很多產品的機制、原理都不見得太複雜難懂。甚至對一部分產品來說，我推測只靠幾十年前技術和知識也能做到。

在此，我想到另一種美容產品——肌膚保養品的發展。在日本，這種產品已經有長年實績，蓄積了龐大的知識和配方。一查相關網址，就會看到用細胞詳圖的功效訴求，還有因品牌而異的「獨家配方」成分。與此相比，美容家電還有很遠的路要走。

那麼，為什麼美容家電在這幾年間這麼紅？我看，其理由可能不在於技術大幅度發展，只是因為很多女性習慣了個人電氣機器而已。其背景當然有數位相機、個人電腦、智能手機等工具普及。

這次引我注目的反而是別的事情，只為了查到這些「不太複雜難懂」的原理和機制，都需要費不少事，此因產品型錄、官方網站都很少有相關消息。例如，「光美容」的原理在廠商的官方媒體沒有寫，我是去看一些來源不明的網頁才了解的。至於超音波，我仍然不知道它怎麼有這些功效。

對此我可以想像一個理由，就是因為很多功效透過科學、醫學專家的驗證還沒結束，在廣告訴求上有法律限制。但我也覺得，消費者對這個情況顯得沒有太多疑義。難道他們不關心自己靠什麼機制變漂亮嗎？

神祕性才重要

我想到另一個可能理由，就是「少說為妙」成了買賣雙方的默契。

我猜測，一些對美容感興趣的人

◆「光美容」機器的人氣目前相當高，在賣場也占據很多空間。

會喜愛「靠某些神祕力量變漂亮」這種感覺，而原理、機制這些東西往往會是次要的。

在訴求「神祕力量」方面，肌膚保養品還略高一等。例如，一些高價保養品聲稱含有金、銀、鉑金等貴金屬，或者從絲綢、珍珠等飾品材料抽出的成分。當然也有說明這些成分對肌膚怎樣好，但我推測，其最重要的作用則是，讓顧客無意中想像到自己肌膚能引入這些物質的光輝燦爛。

我看，因為美容家電歷史不久，目前還研製不出專為美容的技術，姑且用手頭的家電技術湊合。所以，要訴求「神祕美」形象，也只好依靠次好方法。例如，一些美容家電在外表設計仿效白金飾品的光滑優美，也有的就用做得像切割寶石般的部件，力求表達理想美的形象。又在產品訴求，先強調「離子」、「光美容」、「再現專業手藝」等有衝擊力的關鍵詞，而對詳情以「少說為妙」來保持神祕形象。

我猜測，很多廠商正在拚命研究如何把寶石、貴金屬這些東西用於美容家電。我進而半開玩笑地預測，等幾家廠商研製出一些「神祕」技術後，日本的美容家電才會進入真正的黃金期。

飲食

營養、健康、好吃，一樣都不能少

健身補給品——我們怕著什麼

離不開補給品

控制不住補給品癮

——報導週刊雜誌《AERA》二〇一二年一月二十八日號　專輯

上面專輯文章裡，有介紹一家市場調查公司的資料。據此，日本二〇一二年的健康美容食品（等於算是營養補給品）的市場規模達一・八萬億日圓。我上網查了一下，有個資料表示麵包市場大致有同樣的規模。如今，麵包是與米飯匹敵的日本人主食（不久前，麵包的消費額超過了白米），看來日本人為補給品花的錢可不能小看。

這篇文章還介紹一個補給品癮的例子。有一位大學教授，他每天的「主食」是零食和泡麵，此外一天吃七十種類二百多顆（包）補給品來替代菜，每月補給品的開支甚至要二十萬日圓。他大概是一個特殊的例子，但我相信有不少人天天吃某種補給品，也對它產生一些依賴心，少了它就會感到不安。看來廠商也深知消費者這樣的心情吧，所以每天報紙上都刊載多則補給品廣告。

每天吃飯是不夠的？

依我看，現代的補給品（日文常叫サプリメント，亦縮稱サプリ）熱潮，內含啟動日本人消費欲望的很多因素。

一個最大的因素是不安心理。現代日本人，即便沒患什麼病，還是會對自己的健康有些不安。尤其是在城市生活的上班族，至少有「運動不足」、「精神壓力」、「眼睛疲勞」、「營養偏頗」等基本不健康因素，不少人

◆〈控不住補給品癮〉這個報導提到一個人把補給品當做飯食的例子。

也因此感受到身體有些小問題。加上，他們有不少的保健知識，知道「毛病累積下去，就會引發大病」。還有這幾年來，以病症為題材的電視節目愈來愈多，都讓我們對健康產生不安心理。

儘管這樣說，光有不安去醫院也沒辦法，非要你提出一些具體病徵，不然醫生不會為你做什麼治療，也沒有藥可吃。這種人的煩惱，只有補給品才能對付。

補給品的基本功能被認為是補充現代人難以攝取、或容易消耗的營養素。而「現代人」這個部分就是一個關鍵，廠商會常用「現代日本人的飯食內容過於西化，生活又有很多壓力，因此趨於欠缺什麼什麼營養」；「現代的飯食材料由於大量生產，不能含有昔日食品那麼多的營養素了，所以你光靠每天三頓飯就會造成營養不足」等等邏輯，來激發消費者的不安。

想要吃這幾顆了事

我看，現代人力求高效率的心理也算是促成補給品熱潮的一個原因吧。假想，當你問醫生：「怎麼保持健康」，他會怎樣回答？他一定不會只說一兩句話了事。他的建議會涉及到你整體的生活，像是生活要規律，營養要均衡，睡眠要充足，時時做適度運動，還會說到居住環境、衣服、甚至是人際關係和工作內容等等。然後他會叮囑說：「最重要的是，你要將這些事情當做習慣，一直繼續下去。」而其實，這些事情很多日本人已經了解了，無需特意聽專家的建議。

可是，儘管了解道理，但很多補給品常用者在心理某個角落相信「這幾顆就是獲得健康的最短捷徑」。雖然這個想法是被某些廣告和很多健康資訊灌輸了的幻想，可是其根柢大概是現代人都有一個願望：要簡單一點地解決複雜事。

對此，賣方發揮很多邏輯和說法，巧妙地觸動他們心理，例如「為了攝取一天份的鈣，就需要吃十條秋刀魚。但這麼多的鈣，我們塞到這一顆裡頭」等等。

愛試新東西

還有，不能忽視另一個原因，就是日本人很愛新事物。

「補給品」一詞開始普及的時候，大多是指維他

◆很多補給品廣告用誇張表現來訴求他們的產品含有多麼多的營養。

命、鈣等基本營養素的片劑。但九〇年代左右就出現了新的說法，就是「人體除了五大營養素外，還需要很多種類的營養素」。同時市面上就開始推出很多從來沒有聽過的成分，像是輔酶（coenzyme）Q10、葡萄糖胺（glucosamine）、軟骨素（chondroitin）、蝦青素（astaxanthin）等等絡繹不絕。很多人被它們吸引，吃到厭膩而不吃，就再試吃別的。

其中有一種成分訴求力比較強，得到了很多忠實用戶。它是多酚（polyphenol），指一組植物中化學物質的統稱，包括在內的成分如茶葉含有的兒茶素（catechin）、藍莓含有的花色素苷（anthocyanin）、咖啡含有的綠原酸（chlorogenic acid）等，現在多酚成了一個重要的保健關鍵詞，讓日本人一聽到它就在心裡有「大概對身體好吧」這個印象。

隨著愈來愈多的成分受到注目，廠商和媒體就開始積極尋找各種食品當中的保健成分了。一部分食品有天被媒體介紹了，第二天就會冷不防地成為熱門商品，在超市狂銷。據我所知，過去有可可粉、葡萄酒、納豆、黑豆、水雲、石榴等食品都引起過這種突發性熱潮，最近還有生薑、番茄、椰子油等等。這些食品，有些人會相信是「最保健」的，天天不忘吃，甚至出門都會帶去。這不就是食品的補給品化嗎？

過度害怕衰老

無論如何，補給品已經成為很多日本人食習慣的一部分。我覺得，這些習慣的背後好像有一種害怕的感情。

他們（包括我在內）到底怕什麼呢？不外是怕因病症或身體不適而造成的時間浪費吧。現代日本人平日整天都在工作，休假也要做各種家務或與人交際。有了些空，與其休息一下，還寧願去做些娛樂或某種「磨鍊自己」的活動。

但我想，我們還怕另一個重要因素，它莫非是「衰」？

人都會變老，免不了身體機能逐漸衰退。這誰都知道，可是，其實有很多日

◆店家擺著的補給品種類愈來愈多。

本人沒有親眼目睹過「衰」的現實模式。

半個世紀以來，日本社會急速進行了核心家庭化，地域性羈絆也消失了。結果，很多人就失去在日常生活中看到老人的機會，也不能目睹人「順利」衰老的過程。每當探親的時候看到父母的樣子，就會覺得他們「一下子變老」了，然後有一天因「大病」突然逝世（日本人三大死因是癌症、心臟病、腦梗塞）。

經歷了這樣的事情，「衰」給人的印象，不是所有人會經過的人生黃昏，而是一種恐怖結局。難怪有很多人想要保持現在的健康狀態，儘量不要正視人生衰老的階段。

健康熱潮正盛，但看來，其動機不算太健康。

應急食品——非常時期更要吃好吃的

災害會推動技術發展

日本是一個很常遭受自然災害的國家。地震、颱風不用說，最近還有驟雨和龍捲風，不管城鄉都襲來。雖然會留下巨大損害，但另一方面，也會成為技術發展的契機。例如，基於一九九五年阪神大震災的損害，日本就大幅度改變了建築的標準，住宅廠商也逐年提高耐震技術。另外，每年襲來的颱風、豪雨也應該對天氣預報、應急通訊系統等不少技術發展，有不少貢獻吧。

食品也不例外。大災害往往會讓居民暫時難以享受平常的飯食，不得不用自家儲備、或者救護團體分配的應急食品應付過去。其實，對這些食品的要求既多又高：便於攜帶、易於準備、可以保存一定期間、還有營養豐富。為了滿足這些要求，有關廠商每逢災害就力求提高應急食品的功能和質量。三一一不外乎是一個很大的契機，尤其是一些速成食品商、零食廠商，對這些領域好像有了不少的發展。

速成食品天生的基因

首先來看，用開水煮的速成食品。對這種食品來說，日本早在半個世紀前普及到千家萬戶，也在應急食品方面有了相當發展。

在日本，最早著手銷售速成食品的是以「合味道CUP NOODLES」知名的日清食品。根據此公司官方網站，創辦人安藤百福在二戰後的混亂時期，目睹了很多大人、孩子都餓著走在被戰火侵襲的街頭，心裡就產生了「食足世平」的理念。此時的感受讓他著手研製速食麵，後年推出了第一款產品「CHICKEN RAMEN（雞味泡麵）」。

這個故事顯示，日本速成食品原本就包含了應急食品的基因。此公司為對應三一一後的應急食品需求，就上市了合味道和雞味泡麵的罐裝版本，它們都可以保存三年。這些產品除了接受地方政府的訂購之外，還透過網路等管道銷售給個人客戶。

另外，很多廠商還引入了冷凍乾燥技術，研發米飯、湯類、副食品等多姿多彩的應急食品。他們也以時而發生的自然災害為教訓，紮紮實實地發展每個產品了。

米飯也要保持風味

近年，在研製應急食品之際，不少廠商重視了一個事實，就是災民天天要忍受很多事，因此希望至少要有好吃點的食品才是。所以，最近的應急食品很接近日本家庭常有的飯菜，還有菜色也追求多樣化，味道方面也都有了講究，力求提高災民的滿足度。例如，一些品牌聲稱再現了著名廚師的味道，或者按照開水的分量多寡可以變成兩種飯，像是什錦飯和雜燴粥。

支持這些發展的一個重要基底應該是，米飯的速成化。據悉，一千多年前日本已有把米飯晒乾以便保存的手法，它用水泡軟後即能食用。但這種米飯有近乎生大米的晶體結構，口感不好，也難以消化。至近代，出現了改良式乾燥大米，叫「α化米」。α化米在二戰前作為軍用口糧被研發出，戰後就應用於野營用食品，因阪神大震災和三一一增加作為應急食品的利用，而逐漸普及。據悉，現在它也用於日本太空人的太空食品。

零食也有應急潛力

耐於長期保存的零食、點心之類，也可以轉用為應急食品。一些較有歷史和名氣的零食廠商，就響應了三一一之後的需求，推出自家老牌的應急食品版本。

日本的零食老牌大多相當講究營養。例如二〇一三年迎接了一百周年的「森永牛奶糖」，在包裝上印有「滋養豐富・風味絕佳」的這句文案，是此產品從早期就一直使用的。還有，剛開始銷售時期的廣告也有營養方面的訴求，像是「作為人類的滋養次於魚肝油的就是糖分」。看樣子，在當時日本，富有糖分的零食被看作是一種寶貴的營養源。順便一提，一些廣告上還寫著「可以代替香菸」等文案，可見它當初是種成年人也會吃的保健食品。

還有，另一家著名零食老牌「固力果」，於一九二七年上市的牛奶糖「GLICO」就加了營養素GLYCOGEN（糖原），一九三三年上市的奶油夾心餅乾「BISCO」當初是添加了酵母的，現在則加乳酸菌。起碼到一九七〇年代之前，很多父母要為孩子選擇零食的標準不在於熱量多少，而在於營養價值如何。我也記得，小時候母親帶來的零食包

◆一些老牌零食也作為應急食品受到注目。

◆迎接了一百周年的「森永牛奶糖」也重視應急食品需求。

裝上寫有「強化維他命」、「加鈣」等文字。

這些零食品牌也符合應急食品必需的「便於攜帶、易於準備、可以保存一定期間、營養豐富」等條件，就在三一一以後都裝在大型罐頭，擺在商店架上了。

說起罐頭，三一一後引起了注目的應急食品當中還有「罐裝麵包」。聽說有家麵包廠商，在阪神大震災後聽了災民對食品的需求，就著手研發可以長期儲備的麵包。早時候的製造方法是先烤好麵包，裝在罐頭後進行加熱殺菌處理，因此免不了走味。但後來研究出新技術，就是先把麵團裝在罐頭，密封後連罐頭一起烤，這樣就可以同時實現殺菌、防止走味兩件事了。這款罐裝麵包除在三一一作為救援物資，也為早它一年發生的海地地震，做到了不少貢獻。

◆三一一後，超市充實了應急食品的陣容

◆如今，也出現了多彩多姿的罐裝麵包。

再談談調理包食品。聽說，調理包技術原本是美國為軍用、太空用研發的，而日本就應用這個技術，領先全球做出了一般食品。這食品可以比較長期保存，很多家庭都作為應急食品儲存著。

但三一一後，我們明白了調理包食品作為應急食品會有問題。一般調理包的食用方法是，先準備鍋子來燒開水，再放入調理包在開水中煮幾分鐘。而在災害發生時，要準備一口鍋是有難度的，而飲用水也非常稀少，根本不可能隨便用於烹煮調理包。於是三一一後不久，一家調理包咖哩廠商就研發出「不用煮也好吃」的咖哩包。與一般咖哩相比，它有什麼差別？廠商說，一般咖哩醬所用的動物性油脂，在常溫下保持固體，不會溶化在醬裡，口感不滑順。所以他們用常溫下也不固化的植物性油脂代替，來發揮本來的風味。

◆各種米飯還有咖哩等，有些應急食品很講究味道。

當然不是所有速成食品都適合作為應急食品，但有很多廠商精心研究、力求實現應急食品應有的功能和特點。從發生三一一至今，已過了不少時間，對應急食品的需求也不太高了，但日本究竟還是免不了自然災害，所以應急食品的重要性，是一點都不會減少的。

「囫圇吃」熱潮——浪費不起營養，也浪費不起勞力

「抹茶」熱潮的背景有什麼？

從兩、三年前起，在日本能看到為數不少的綠色零食和飲料。「綠色」不是環保的意思，而是指產品外表的顏色。這些即是加入「抹茶」的飲食品。

「抹茶」是把日本茶茶葉（不經過發酵處理，保留茶葉原有的綠色）碾磨成微粉狀的產品。此品本來專用於日本茶藝，不多於日常喝茶使用，最多是做菜時放一點來添加風味的。但最近，抹茶就作為甜點、甜飲的一種味道，相當地走紅。現在無論在超市、超商都看得到很多種抹茶甜點，像是巧克力、餅乾、蛋糕捲、冰淇淋、牛奶糖、糖果等等。說到甜飲，哪家咖啡店都有賣「抹茶歐蕾」或「抹茶拿鐵」之類飲料，就是在牛奶中放入抹茶和砂糖的。

抹茶甜點這樣受到歡迎應該有不少理由，例如加了一點苦味可以襯托甜味；顏色既意外又漂亮；還有「大家喜歡我也就喜歡」等等。但為什麼現在才開始那麼紅？我認為，此背後隱藏著有關保健意識的新趨勢。

茶葉的營養潛力

幾年前，一些烹飪專家提倡一個新奇的茶葉利用法而受到注目，就是建議茶葉不要用泡的，而要囫圇吃。

據他們說，喝茶只能攝取茶葉所有營養的三分之一，會錯失疏水性維他命、蛋白質、膳食纖維等很多營養素。「這太浪費吧？」他們在烹飪節目裡一邊這樣說，一邊用未泡前的、或者沖淡了的茶葉做些菜給觀眾看。我看，這些作法的發展型之一就是現在各式各樣的抹茶甜

◆這幾年來，抹茶味道波及到各種零食了。

◆在知名咖啡店，「抹茶牛奶」成為一款少不了的熱貨。

點。另外有抹茶進入日常生活的趨勢，像是超市的茶葉賣場就出現了不少種類的即溶抹茶，還有超商賣的瓶裝日本茶也出現了顏色混濁一點的版本，就是特意加入抹茶的。

黑糖也是一個類似的例子。黑糖不像白糖那樣經過去掉雜質、精製等過程，曾經被看作味道很土，只用於一部分傳統零食。但近年獲到重新評價，說它包含多種營養素，也有一些保健功能，因此不少食品廠商研發不少黑糖味道的零食和零飲。

種子、皮都不剩下

當然，這並不是只與茶葉有關的事情。最近在日本飲食生活有一種流行，就是要吃蔬菜、水果等生鮮食品的時候，連種子、皮一起囫圇吃。

從幾年前起，一些美容意識高的女人們開始關注一

◆黑糖是沖繩、鹿兒島等日本南部地區的特產，現在就作為一種營養食品受到關注，零食產品也積極活用。

種新式飲料，名叫「green smoothie（綠色冰沙）」又稱「vegetable smoothie（蔬菜冰沙）」。這是把幾種葉菜和水果（基本上不去種皮和葉子）放入果汁機中打碎，不經過濾一如原樣飲用的。據說，這個方法就與一般的果汁、蔬菜汁不同，可以保留膳食纖維，還有不加任何處理，因此可以高效地攝取到蔬果原本含有的營養素。

現在，市面也有販售「綠色冰沙專用」的果汁機，其中也有具加熱功能的。除了蔬果汁之外，還可以做營養豐富的蔬菜濃湯。

此外，這幾年來有一種烹飪材料受到注目，它名叫vegebroth（是vegetable broth的縮寫，中文所謂蔬菜清湯）。一般來說，做菜的過程會產出不少的蔬菜渣滓，它們通常會被當垃圾扔掉。部分人認為這些渣滓營養也非常豐富，不活用就很浪費，因此他們湊集這些渣滓燉成湯汁，用於烹調。

◆家電店進行一款果汁機示範出售，稱它具有加熱功能，也可以做蔬菜濃湯。

乾果也可以算是一個例子吧。以前在日本很多商店最多也只賣葡萄乾、加州梅乾、杏子乾那些，而現在銷售多姿多類的乾果了，像是鳳梨、蘋果、芒果、香蕉、柳橙、草莓、藍莓、奇異果等等。乾果受歡迎的理由也有不少，例如，不用剝皮；味道濃厚；還有保健形象比較高（很多乾果產品帶著「凝聚了太陽的恩惠」之類廣告句）等等。但我看，比較重要的理由就是可以吃下通常會去掉的不少部分。

要回歸自然？不會吧？

這些例子會讓人認為，「囫圇吃」熱潮反映了日本人要「回歸自然」的心情。由很多網路、雜誌的說法可見，綠色冰沙、蔬菜清湯等都被看作天然食品的一種進化形。

我在本書也介紹了「健身補給品」熱潮，乍看之下，兩者顯得是對立性潮流。我們總覺得，喝綠色冰沙的人和吃好多補充品的人，必定有正相反的生活思想，是吧？可是實際上，囫圇吃主義者和補充品迷具現代人特有的一些共通心理。

第一點是，他們都希望速成效果。

毫無疑問，這些熱潮的背景有現代人保健意識、營養知識的提高。但不能因此覺得以往的用餐方式算已經沒用了，如果研究一下材料和烹飪方法，還是能應付的。然現代人卻不喜歡這種慢慢來的方式，而要運用篩選、濃縮等辦法，即使有點忽視傳統飲食文化，也要立即得到實感效果。（儘管這樣，我不清楚這些新式飲食品是否真的有速成效果。）

是不是忽略了一件事？

兩者另一個共同點，就是要避開麻煩。

我看到蔬菜冰沙、蔬菜濃湯走紅的消息就有了一個感想：歸根結蒂，喜愛這些的人是希望省略「咀嚼」步驟吧？說起來，咀嚼這個作業挺費時費力，再說，現代人很習慣了吃柔軟的東西，因此愈來愈懶得咀嚼。可是食物不粉碎的話不能吞進胃裡。於是要把這個麻煩工作託付給別人，也就是這些新式食品和補充品。

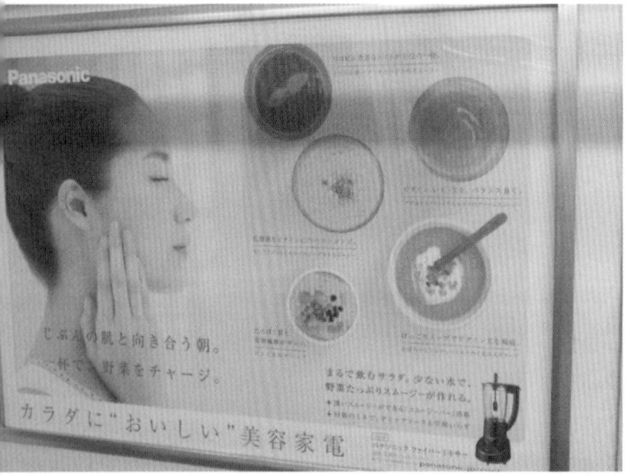

◆蔬果冰沙受美容意識高的女人之熱烈關注。

食品本來有的營養素，要是錯過一點就覺得很浪費。可是，為此付出太多勞力也會感到浪費。我看，「囫圇吃」熱潮的背後就隱藏著這兩個「嫌浪費」意識。

但是，為了好好攝取營養素，需要先充分發揮自己身體的消化功能。為此少不了的是唾液和胃酸，而聽說，要足夠分泌唾液和胃酸，必須先透過「好好嚼」的動作。我不太清楚，這些新式食品的提倡者和實踐者是否充分考慮了這些事情。

無酒精酒——為什麼不能喝的人都硬要喝？

無酒精酒流行的契機

這裡提到的「無酒精酒」這個名詞，就如你所見，是一種矛盾表現。當然也可以寫作「無酒精飲料」，但這樣就包括果汁和茶類在內，可能錯過本文的要點。我又想，「無酒精酒」這個說法比較貼切地表達到其有點複雜的定位，所以還是要用這個名詞。（順便一提，這些飲料在日本叫做「ノンアルコールビール（non-alchohol beer）」、「ノンアルコール（non-alchohol）飲料」等等，大多不含「酒」一字，因此在外表上看不出來這個矛盾。）

無酒精酒熱潮的起首，大概就是麒麟啤酒在二〇〇九年推出的「KIRIN FREE」吧。在此之前也已經有所謂「無酒精」的啤酒，但那些都還包含了微少分量（號稱0.5％未滿）的酒精，精確地說不算「無酒精」的。所以KIRIN FREE聲稱是實現了完全不含酒精的世界第一款無酒精啤酒。

為什麼要這樣講究完全無酒精呢？最大的契機應該是二〇〇六年發生的交通慘案：年輕夫妻開車載著三個小孩，被一輛酒醉駕駛開的車撞上，滾入海中，導致三個小孩死亡。此後媒體非常關注酒駕，用力抨擊之後發生的大小案件，民眾也開始認為酒駕的罰規必需嚴格一些。

日本進而修改有關法律，除了酒醉駕駛的當事人之外，還要對乘客、知道當事人要開車而沒有制止喝酒的人、給他上酒的飲食店都加以處罰。此後「要駕駛之前不能喝一滴酒」的意識很快推廣，因此無酒精啤酒也受到大眾歡迎了。

「與果汁有什麼差別？」

幾年前，我寫過一篇文章介紹此事，當時無酒精酒的種類很有限，除了啤酒版本之外，只有幾種雞尾酒版本而已。可是現在的種類相當廣泛了，威士忌、葡萄酒、燒酒、日本酒、梅酒都有「無酒精」版本了，著實讓我聯想到「下手な鉄砲も数打ちゃ当たる[1]」這句俗話。但起碼無酒精啤酒和雞尾酒很受歡迎，已經成為超市、超商裡很常見的產品了。

注1：亂槍有時也會打死人，意謂歪打正著。

但好像有不少人對這些飲料感到納悶，沒有酒精的酒，真的好喝嗎？我逛超市的時候，聽到一個老頭對太太說：「無酒精雞尾酒？什麼，這與果汁飲料有什麼差別？」我也深感認同無意中點了頭。一些廠商說，他們的無酒精酒是以酒作為原料，用特殊技術去掉酒精而製成的，在釀造過程產出來的多種成分還留著，故仍保有酒特有的既複雜又馥郁的風味。於是我試著買一些無酒精雞尾酒和梅酒喝了一喝，但不覺得那麼富有他們所說的那些複雜風味，大致與軟性飲料一樣。

無論如何，當初無酒精酒主要受開車的人、以及不善於喝酒的人關注，但聽說，後來好像出現了其他飲用場合，例如在招待顧客、工作夥伴的時候。這些事向來在晚上進行，但有些人將之調動到白天，開完會議後直接吃午飯。此時當然不能喝酒，所以喝無酒精酒來替代。據悉，此趨勢的背景有喝酒習慣的變化，因為愈來愈多人工作太忙了，不太想在晚上喝太多酒，以確保有足夠的睡眠時間，不那麼消耗體力。

固執喝酒的日本人

據說，日本人不是一個太善於喝酒的民族。較多日本人在體內欠缺某種酵素，因此很容易喝醉、又醉得難受。聽說一些調查顯示，就「不能喝酒的人」的比率而言，日本人是世界上最多的。這種人在中國、韓國也有不少比率，但比日本人還少。儘管是這樣，日本人每天平均喝酒量比華人和一部分歐洲人還要多。這就難怪會有很多人因酒出醜，甚至發生酒駕事故吧。

如果那麼不善於喝酒，不是不要喝就好嗎？為什麼特別要研發「似是而非的酒」來喝？我本人不那麼喜歡喝酒，又沒有太多機會在酒席招待別人，所以很容易想「不能喝，不喝就好吧？」但我還是可以理解，在乾杯的時刻，持著果汁或者烏龍茶的杯子很容易感到一種孤獨感。我看，這些心理的原因之一，大概是從日本的人際交流傳統而來，就是除了很親近的人之外，不太習慣很快與不熟的人相處。

依靠什麼交流？

在日本人傳統的交流方式中，「默契」就會成為一個重要因素。與家人、同事、朋友之間，還有追溯到近代以前的村莊共同體，都會有一種基於每個成員共有的生活文化、思考方式而建立的下意識規範。共同體成員按照這些規範而採取言行，讓共同體圓滿運作。從境外來的人，

◆無酒精酒大致在酒類旁邊陳列著，包裝設計也與酒類差不多，只用「non-alcohol」、「0.00%」等字眼分別。

必需重新學會這個集團的規範，按照它進行交流。

可是在現代社會，很多人每天得與關係稀薄的人面對面，互相調節利害關係。不用說，他們之間很難有「默契」這個東西，因此就得依靠一般禮貌和不太緊密的對話，還有重新制定規範，來溝通意思、建立良好的關係。

我猜想，世界上有不少國家和民族古來很常與不同人種進行交流，因而比較齊全了透過對話來形成人際關係的方法。像是先交換好意表現承認對方，其後提出對方會有興趣的事情或講笑話，來提高親近程度。或者，透過知性的認真討論來取得信賴關係、加深友誼。很遺憾，我不得不認為，日本人這種為了建立人際關係的對話文化還沒有充分成熟。可是，如果有了「酒」的話，情況會有一些變化。

用酒類替代「心靈相通」

假想有兩個人，還不太親密，但仍要進行交流。他們不知道彼此有沒有共同的話題，但他們面面相對喝著酒的話，起碼能有「我們在同一個酒席」這個同伙意識。還有，他們有點醉，也交換了些閒話，即便他們其實互相沒有多少了解，也能釀成「好像親密了些」的氣氛。這個氣氛對不少日本人來說是很重要的，就算不太善於喝酒，也不能放手。

儘管這樣說，真的不能喝的人硬著頭皮繼續喝酒，還是非常難受的。但現在出現了一個救世主，就是「無酒精酒」。喝著它就能夠積極一點地表達「進入了酒席的行列」的態度，這是一個非常難得的功效。對那些能喝的人來說，通常得避開喝酒的白天也可以喝「很像酒的飲料」，大概會給他們一種開心的感覺吧。

但是，說不定這是比較傳統，而如今有點落後了的日本人心性。據說，愈來愈多的年輕人對喝酒沒有興趣了，也不太了解喝酒具有「幫助與別人溝通」的功效。所以我看，現在隆盛一些的無酒精酒，如果不能舉出遠遠超過酒類的優點或者創造獨自飲用機會，就擺脫不了一時性流行，過不久就過時了。

碳酸復興——需要刺激的時代

碳酸起死回生了

現在在日本，碳酸飲料成為一種了不起的熱貨。

每次到超商觀察飲料賣場，總覺得就會看到新出的一、兩款碳酸飲料。有追求稀奇味道的，也有一九八〇年代風行過某款的「復刻版」。

不只是成品飲料才受歡迎，在一些商店也曾看到販賣一台機器，是用壓力使二氧化碳溶於飲水或飲料中，做成汽水的工具。還有，原本在酒吧用於兌酒的無味汽水，

◆碳酸老牌百事可樂也宣言了「健康」，推出熱量為零的產品。

現在成了很多家庭的家常飲品。又有一些消息說，無味汽水比較受到女性的歡迎，因為她們相信，喝碳酸水就能控制食慾，對瘦身有效。

我看了這些情況恍有隔世之感，因為我曾經猜想過碳酸飲料說不定遲早會從日本市面消失。

前世紀的情況：勃興和衰落

我小時候，碳酸飲料受到孩子們熱烈的歡迎和嚮往，但父母那輩人對此不覺得那麼愉快。當時，碳酸飲料有「對身體不好」的形象，例如某種飲料有「含有一些能溶解人骨頭的成分」這種傳聞，讓一些父母吩咐孩子儘量不要喝它。但畢竟不能逆行時流，孩子常去的小糖果店、街區廟會的小攤都積極賣汽水、可樂之類，而且其種類愈來愈多，逐漸成了小孩基本飲料之一。（有趣的是，當時日本已有一百年前傳來的傳統汽水「ラムネ（彈珠汽水）」，但反倒被新興飲料的光芒蓋過了。現在，它們趁著懷古熱潮有所復興。）

但碳酸飲料的繁榮直到八〇年代就不妙了。當時日本興起了保健、瘦身熱潮，因此糖分被很多人視為一個眼中釘。趁著這股風潮，上市了熱量低到砂糖幾分之一的人工甜味料，愈來愈多的糖果訴求低熱量少糖分，在這些情況下，含有大量糖分的碳酸飲料形勢不利了。

同時，有種飲料被視為對瘦身和美容有效而顯露頭角，它就是罐裝烏龍茶。記得我在烏龍茶剛上市的時候曾想過，哪些人會特別花錢買這些沒有甜味的飲料？然而此後就陸續登場了同樣「從來不必特地花錢買的」罐裝（以及瓶裝）日本茶、礦泉水之類。順便一提，現在的日本茶、紅茶、礦泉水大品牌都是在八〇年代上市的。另外，日本第一款運動飲料「寶礦力水得」也在同時期問世，它們讓飲料的選項大幅度擴增。

九〇年代日本政府實行了一部分果汁進口自由化，讓很多便宜的100%果汁充斥了市場，很多喜愛甜味飲料的消費者離開碳酸，轉向到果汁。其實果汁也應該包含不少糖分，但不知為何很多人不太介意，還對它抱有「保健」的形象。

無論如何，因為很多的強敵出現，那些高熱量的、具有不健康形象的、還有喝了反倒會口渴的碳酸飲料逐漸失去了擁護者。連世界最有名的可口可樂公司，光在日本市場銷售汽水的話，也快要不行，於是推出了日本茶、咖啡、運動飲料。那段時期，我在街上曾幾次看過印有既大又紅的「可口可樂」標誌的販賣機裡頭，沒有賣一罐可口可樂。

反攻的背景

碳酸飲料處在下風的時期持續了好多年。根據一些資料，它們直到二〇〇七～八年才開始恢復銷售量，憑我的直覺，過了二〇一〇年才在店面、廣告上比較常見碳酸產品。我看，它們這次的復興應該有幾個原因吧。

一個原因是，出現了成年人的碳酸飲料。喜愛汽水、可樂的八〇年代孩子們，成年了就離開這些，轉到茶、咖啡之類。但稟性難移，他們並不是已經不喜歡那些既甜又爽快的口味，只是市面上只有供孩子喝的汽水，所以沒有理由伸手而已。近年，不少飲料廠商為了研發成年碳酸開始花力氣了。

成年碳酸的一個重要特點是引入了保健概念。這種概念並不是全新的，但向來的產品充其量不過是用低卡糖、還有多加維他命，為的是避開「不健康」的指責。而

◆一款家用汽水機POP廣告訴求碳酸水保健功能：促進血液循環、解除便祕、防止吃得過多、改善寒症等等。

◆當今汽水引入石榴、巴西莓（Açaí Berry）等一些被視為保健性高的水果。

最近的成年碳酸很講究具體的保健效果，像是實現了熱量為零，或是使用了新的保健成分。

一個代表性成分是「難消化性糊精」。據說這是一種膳食纖維，富含於一些水果中，可抑制攝取食品後血糖濃度急劇上升以及過度吸收膽固醇。它可以用玉米澱粉人工製造，現在已有很多食品將此用來提高保健功能。二〇一二年，一款新的可樂聲稱「能抑制飯後吸收脂肪」大受歡迎，半年多就實現了超過日本人口的銷售量。有鑑於這個成功，其他廠商也都搶先投入使用同樣成分的瘦身碳酸。

另有很多保健成分和碳酸飲料的搭配，例如鳥氨酸（Ornithine，是蜆貝含有的成分，據稱可保護肝臟，有助於緩解疲勞）、還有大豆異黃酮（Isoflavones，據說有與某種雌性激素相似的功能）等等。這些好像激勵了保健飲料的領域，最近陸續出現一些保健飲料的碳酸版本。另

◆除了新來的成分之外，DHA、檸檬酸等較為眾人所知的保健成分也加入汽水領域了。

外，一些果汁名牌也推出了碳酸版本，其中我本人較驚訝的是，加碳酸的番茄汁（笑）。

還有，一些廠商講究大人口味，例如多加一些苦味、辛味的，也有加了啤酒花香氣的。我試著買了一些嚐嚐，但還是以甜味為底，感覺不到太多的大人口味。如果是孩子，說不定會比較敏感地感覺到「奇怪」的口味而討厭……。另外，碳酸咖啡好像每年也會出現又消失，但還未有哪一款是成為暢銷飲料的。

時代希求刺激？

要說我個人看法，三一一也應該是碳酸復興的契機之一。在我的印象中，三一一當年的夏天，成年的碳酸飲料廣告就增多了。地震、海嘯的災情與福島核恐慌都折磨了日本人的心情，過了幾個月人人都感到精神疲勞，需要一些療癒和消愁。這些心理可能造成了碳酸熱銷的一種順風作用。

然後還有另一個幫手，就是對景氣恢復的期待。二〇一二年日本的政權輪替成為不景氣結束的一個象徵，實情暫且不談，日本很多大眾的氣氛在此擺脫了蕭條狀態，變得向前看一點了。下一年春夏則有報導說，日本街上衣著流行著比較鮮艷的顏色，指出是代表景氣恢復的動態。

直到現在，人們對碳酸所期待的作用不但是爽快，還有刺激了。

沒有刺激，我就活不下去
——朝日飲料「Spiral Grape」

上面是二〇一三年上市一款葡萄味汽水的廣告文案。廠商聲稱，這款產品以成年人為對象，使碳酸口味多點，還加了一種香辛料。我不知道實際的味道好不好，但從文案和產品模樣可以看出一種煽動大眾般的氣氛。

加之，最近時常聽到新來碳酸飲料的名稱，叫「energy drink（能源飲料）」。它們的特點是除了碳酸多之外，還加了精氨酸（arginine）等運動飲料常用的成分和咖啡因、瓜拿納等興奮性成分。

仔細想來，碳酸飲料在日本急速普及的時代，不都是在日本社會上勃興著向前看、向上看心情的時代嗎？碳酸那些刺激，原本一直做到提神社會的作用，不知社會也一直會要求這個作用嗎？

◆「energy drink」這種飲料概念是從外國來的，在日本約從二〇一二年就受到廣泛認識了。

◆「你的心想要它！」沒錯，現在需要碳酸的人好像愈來愈多。

◆「沒有刺激，我就活不下去」Spiral Grape大張旗鼓地登台亮相，但好像得不到太大人氣。

嗜好

療癒紓壓，
就要靠它

渋谷センター街
自転車を除く
カラオケ
受付 3F
4F
スパゲッティ
ピッツァ
5·6F
江戸前
お好み焼
もんじゃ
野郎ラーメン
hit-ad.co.jp
プリンスビル
白馬ビル
九十九島

貓產品——狗是搭檔，貓是佛龕

不是給貓用的貓產品

以前我寫過與寵物相關的文章，那時查了一下有什麼寵物用品。

一說到「寵物」，大致就還是指狗和貓，於是我先用谷歌查看了「犬グッズ（狗產品）」，沒想到現今狗用產品這麼多姿多彩：項圈、餐具不用說，還有玩具、衣服、床、模仿人用飲食品的狗糧、太陽眼鏡、露營帳篷、護身符等等。而且這些產品的設計也相當不錯。

反而用「猫グッズ（貓產品）」一詞查看的結果不太一樣，查出來的物品當中貓用飼養用品比較少，很多是以貓為設計主題的人用雜貨。除了貓形狀的娃娃、擺設之外，還有飾品、鑰匙圈、手機吊飾，還有配上貓插圖的筆記用具和信套組、包包、靠墊、廚具之類。

總之，目前「貓系雜貨」好像非常流行了。不僅是雜貨，在書店也會看到貓的寫真集和日曆占了不小空間，此外，與貓相關的隨筆和小說也很常進入暢銷書榜。還有前不久有過報導，一些女生會戴著貓耳設計的髮箍或帽子走在街上。最近也有專賣「貓產品」的雜貨店和網購站。

那麼，「狗系雜貨」呢？有是有，但好像大都是供「飼主」用的產品，像是每個犬種的娃娃、掛飾、還有與飼主顏色款

◆隨處可見的時髦服飾、個性飾品都離不開貓圖案。

式一樣的T恤、運動衫等等。相反地，上述的貓系雜貨，購買者則和是否飼養貓無關。

狗和人、貓和人的關係不一樣

狗和貓時常會被拿來相比，例如很常看到「你是狗派還是貓派」這種提問。但看到上述那樣的情況我就想，這種比較應該沒有太大意義。說到底，現代人對狗、貓要求的東西應該不一樣吧。

飼養狗的樂趣到底在哪兒？我看，大概在於「溝通」吧。

狗時常會希望跟飼主交流。牠積極地擺擺尾巴向飼主表現好意，懇求他帶牠出門散散步。對陌生人，牠就會展露出敵意，汪汪叫個不停。這些行動就令人想到，養狗和飼主的羈絆多麼強。狗雖然不懂語言，但我們能互相理解！很多飼主必定這樣相信吧。

那麼貓呢？牠們除了要求飼料、貼身取暖等「非常」事情之外，很少會與人主動交流。靠近飼主的時候也大多會像個擺設品趴下一動不動，或者會做跟飼主無關的行動。溝通的方法也不像狗那樣一目了然，有時候我們說什麼、做什麼，牠也不會有反應，另一些時候則突然凝視我們，或者像吩咐一樣喵叫一聲，雖然不知道想說什麼。

因此，我們對貓的基本態度就說不上「溝通」，應該說是「觀察」或「欣賞」比較妥當吧。

貓的「功效」

喜歡貓的人，到底喜歡貓哪些地方？外型、觸感、喵喵聲不用說，但也有比較重要的特點，就是那些「對人無害，但超過我們理解所及」的行動吧。牠們一看到箱子就要進去，特別喜歡爬到高處歇息，追趕球用力過猛碰到牆後，忽然會假裝什麼都沒有發生過。這些行動在人看來多麼像鬧劇、多麼無厘頭，甚至會像某種現代行為藝術一樣值得欣賞（笑）。牠們有點難懂的表現，反倒讓我們可以應和著自己的心情，隨意解釋。

我看，貓的這些特性會給人際關係帶來的「功效」不算小，比如說，牠們會促進家族對話。

◆大規模書店很常設置「貓書」專櫃。

◆以貓為主題的書很常成為暢銷書。

即便你與家人的關係很好，必定也有不太想與他們說話的時候。有時候彼此想法不太相合，因此會產生不太好的氣氛；就算沒有什麼對立的時候，一直待在同一個房間卻無話好說，也會有點尷尬。那些時候有一隻貓的話，就可以將牠作為一種搭話藉口，像是提到牠做了一些好笑的行動，與家人一起笑（儘管不做什麼，一直不動彈的樣子也挺逗人），甚至可以評論牠謎樣的行動。一般來說，家貓是一個無益無害的存在，所以家人對牠的看法不會有什麼對立。還有，牠的行動其實富於變化，百看不厭，很常會讓我們噗哧一笑，也帶給我們很多小話題。

貓會做出虛擬羈絆

貓的這些功效也會在陌生人之間發揮。在日本住宅區的街道上，仍會見到很多野貓和放養的家貓，享受行人的寵愛。當那些行人看上一隻貓，撫摸、逗弄、拍攝牠的時候，他們就會共有一種「同伙」、「同志」的意識，時而會點頭致意或說些話，進行以貓為媒介的小聯誼（對狗來說，現在牠們都屬於某個家庭，並且不許放養，所以很難起到這種作用）。

並非只有實體的貓才能起到這些功效。凡是喜歡貓的人，只要有一些「貓產品」，就能召喚出一隻居住於自己心中的貓。當他們帶著（或戴著、別著）那些產品走在街頭，見到陌生同好的話，就可以共有像虛擬社區一樣的樂趣，甚至會交換微笑。

總之，貓在現代日本，好像起了一種社會潤滑劑的作用。

貓代替現代人失去了的一些東西

我猜想，在古時候的社會，這些作用是由一些傳統文化——特別是宗教設施擔負的，像是家裡的佛龕、神龕、路邊的小廟和地藏菩薩石像。昔人在上工、下工或者要做什麼事的時候，都會先去這些設施前拜一拜，與一些超越的存在溝通一下（無論他們內心相不相信真的能夠與祂們溝通），以確認他們都是共有同一生活文化的人。這些儀式或手續，應該有益於迴避人與人之間很多的分歧和對立。

◆傳統工藝美術也積極引入貓形狀、推出新產品。

而現在，我們（起碼是城市生活人）已經失去了這種共同體文化。這是不可避免的時代潮流，但因此也造成不少不方便。在此，我們就需要一些代替物了，而貓的「隨處都有」、「顯得超然，但很親切」這些特點很適合當代替媒介。我這個看法有點過頭嗎？

◆貓迷一看到貓都情不自禁靠近，試著跟牠交流，無論牠是家貓，還是野貓。

手工自創愛好——對量產文化的小抗拒

一個成功小故事

我的一個熟人有小小的成功故事。

她是曾在我以前任職的廣告公司打工的女生。之後她進入一家公司工作，但聽說不久後便因健康問題辭職了，開始居家養病。我時而想起她的事，擔心後來她怎樣了。而幾年後聽說，她居然發揮烹調本事，在好多項烹飪競賽得獎，也接受幾本女性雜誌的採訪。現在她作為一個小有名氣的創意點心師，天天做手工點心，在幾家店販售，還會去一些街區的集市和節慶活動擺攤。

◆東急HANDS在店裡一個角落設置的「Hands Gallery Market」。有很多作家參加，展出飾品、布娃、皮革手包、陶器等手工自創產品。

看來，她的收入還沒到能靠此維持生活的地步，但已經有一些固定客戶，與身為自由平面設計師的老公協力之下，過著很充實的日子。現在，每當看到她在ＳＮＳ發表她新作和下次出攤消息，我都感到可喜。

現在的日本，應該有不少人嚮往著像她那樣的生活方式。因為這幾年來，手工自創受到愈來愈大的關注了。

發揮本事的機會很多了

最近，街上很常看到叫做「box gallery（格子店）」的租賃空間。裡面有很多箱子型展覽架，讓一般人可以在此展覽、銷售自己製作的小工藝品、飾品或實用品。每個箱子尺寸為幾十公尺見方，大小有幾種，租客應著箱子大小和租賃期間（例如兩周、一個月等）支付租費。目前最知名的box gallery是ＤＩＹ店「東急HANDS」在店裡設置的「Hands Gallery Market」，此外有些藝廊、咖啡店也專為業餘作家設置類似的展覽空間。

也有人利用跳蚤市場來出售作品。當初，在跳蚤市場擺攤的主要目的是為了賣掉每個家庭不用了的舊貨，像是衣服、家電品、書籍等等。但最近很常看到不少人順便展覽手製的飾品、衣服。

網路空間也不例外，這幾年來劇增了專為個人展出自創產品的網購平台。因為這些平台都由企業經營或投資，系統架構和美觀設計由專業設計師備齊了，用戶不需有IT知識，只透過簡單的步驟和操作，就能經營很專業的線上商店。這些網站也備有對訪客開放的留言板和「加入書籤」功能，以便與顧客交流，獲得忠實客戶。

就這樣，隨著實體、線上的發表空間擴大，原本是一個內向愛好的手工藝面貌一新，如今作為一種交流、賺錢的手段受到關注了。還有這種情況下，也出現了不少專業手工自創作家。

熱潮發展的經過

這些手工自創熱潮的背景到底是什麼呢？

我看，一個重要的契機還是持續很久的經濟蕭條。尤其在九〇年代後半的泡沫經濟崩潰時，亦在二〇〇八年雷曼破產之後，很多人為了抑制家庭開支，

◆自創作家專用的網購站「Creema」。無論專業作家、業餘作家都可以免費展出，成立買賣的時候就需要支付銷售額8～12%的手續費。網頁設計比大網購站還要瀟灑。

開始重新考慮以往那些「過時就扔掉」的消費習慣。比較容易著手的應該是衣著方面，例如選購用途既廣又難以受到流行影響的簡樸款式，還有手頭的衣服穿舊也不要輕易地扔掉，除了修補之外，按自己的口味裝飾一下，或者選用幾件衣服的部位來做原創衣服。這些節省文化逐漸培養了喜愛手工、自創的人們。

還有，這些時期企業破產和裁員非常多，使得很多人意識到家庭財政會面臨威脅。於是他們除了確保現在的職位之外，也開始探尋副業收入。可以想像，其中一些手巧、有創意的人就產生了賣自創產品賺點錢、貼補家用的念頭。

製作工具、材料的發展也算是一個背景吧。去ＤＩＹ店容易得到自創飾品的零件和配套元件，又透過一些網站、出版物容易得知很多製作竅門。還有，上述那些網購平台大幅度降低了個人零售的成本。

對大量生產社會的異議

總之，手工自創熱潮和其他一些熱潮一樣，在經濟和網路的深刻影響下形成。但按照最近的社會動向來看，好像手工自創愛好也包含了一些人對現代社會心懷的一種氣氛。

如今，日本難以期待曾有的經濟成長，但大多商業人士的營銷思想還擺脫不了以往的大量生產、大量流通的框架，他們一直費心於把一律化的產品和服務賣給大量消費者。因此為了引起熱潮，動員消費者的手法也透過媒體、網路、流通的助力之下愈來愈洗練、巧妙化。

對這些現狀，一些民眾會有「被別人操縱」的感覺。他們希望擺脫一律化的生活模式，獲得真正適合自己感覺的東西和生活。他們又想要一些朋友或同好衷心共鳴自己的想法和行動。對他們來說，與大量生產正相反的手工自創作品就是表現自己生活的最佳媒體，又可向同好聲明立場。

不久前，我採訪一位皮革工藝家。他說：「如果您想要一般的東西，不妨去百貨商店找一找。我還希望講究『只有我才會做』的創意，如有感覺合得來的人來選購，我就會滿足。」想必很多專業、業餘的手工作家與他想的一樣吧。

◆Creema與一家大百貨商店聯合舉辦的專售會。一部分明星自創作家會引起大流通企業的興趣。

這些想法好像很容易聯繫到地域社區活動。因為個人自創的產品要出售時，第一批客戶大多是身邊的朋友和熟人。我居住的東京郊區好像有很多手工自創作家，休日走街就很常看到附近的公園或商店街舉辦讓他們聚集出攤的活動。還有，很多作家參與一些為了活絡街道的公共、私人項目，或者環保、教養孩子等NPO活動。可想而知，他們透過自己作品對過分的城市化說不，謀求形成更舒適的小社區。

路途遙遠而艱難

我非常佩服他們的創意和行動力，但同時想到一個問題，就是他們的作品到底有多少需求。要說我自己的印象，很多人的作品大多無法擺脫供過於求的情況。

一般來說，手工產品與量產品相比，價格要貴一些。但要說品質方面，難以保證比量產品還高。它們只好靠著與眾不同的美感，或者作者的個性等因素來形成一種品牌感，增加粉絲、積累銷售實績。而現狀是，只有一部分的明星作家才能夠做到這個地步，其他很多作家將他們作為目標，但只能靠朋友和少數粉絲，勉強繼續自創活動吧。上述皮革作家的「一般的東西可以在百貨店買」這句話包含一種反義：大多人還是去一般商店買來將就。

目前，量產品擁有的便宜價格、穩定品質、還可以的外表等「安心感」，在日本社會占了堅定的地位。如果將來很多人的意識有些改變，從稀少而有個性的手工產品看出更大價值的話，日本的手工自創熱潮也可能有出路。今後的展開就看一般消費者的意識如何。

◆筆者居住的街區很常舉辦手工自創作家的小集市。

玩具相機——「反・高功能」願望

相機的定位演變

數位技術給很多事物帶來了變化，其中最大的一個應該是照相機在社會定位的變化。

出現數位相機之前，拍攝照片是一個專業技藝。用膠片拍的照片，通過沖洗、沖印等過程才會明白你拍得怎麼樣。所以拍攝的時候就得一邊想像結果，一邊揣測決定構圖以及光圈、快門速度等設定。而且膠卷數量有限，無法嘗試很多構圖和設定。

可是使用數位相機的話，為一個對象要按幾百次快門都沒關係，拍了就當場可以確認成果，拍不好的話立即可以嘗試其他構圖和設定。價格也便宜多了，現在連一、兩萬日圓的款式性能都還不錯，且具有很多功能，像是防止手震、做出暈映效果、夜景也能拍得鮮艷、拍後可以變換色彩、連結網路。這些功能彌補用戶的經驗不足，還能滿足玩心，即便不是專業攝影師或相機迷等特殊族群，也能拍到一些質量相當不錯的照片。

另一方面，手機也內建了性能不錯的相機，所以相機從一種為了拍攝特定事物特意攜帶的機器，變成經常隨身攜帶、隨意隨手拍的玩意。現在，每個人都帶一台高性能相機逛街，隨時拍些相片，傳給朋友或者上傳到自己的個人網頁，讓某些陌生人看，得到一些「讚」。

照相機的「返祖現象」？

可是，相機這東西好像不是只要方便就有魅力。因為，最近一些只具原始功能的相機——所謂「玩具相機」——似乎獲得不少歡迎。

◆像眼鏡、巧克力、餅乾，它們都是「相機」。

我記得，玩具相機在日本開始受到關注是，數位相機功能充分發展，完全取代了膠片相機的那個時期。當初，半個世紀前被製造的那些質量不太好的普及型膠片相機（多是蘇聯、東歐國家製造的）被看做「拍得特別有感覺」而受到關注，由一部分攝影師和藝術家開始積極活用於創造活動，然後在那群喜愛美術的人們之間紅了起來。此後，不少數位玩具相機被研製出來，由日本幾家企業銷售。

我不熟悉海外玩具相機的情形，但總覺得日本的玩具相機發展好像有獨特傾向，在此介紹一下。

拍立得相機的華麗轉身

出現數位相機以前，也有些人希望在拍了之後立刻看照片，而滿足此要求的就是「拍立得」相機。用它拍攝的照片質感不太好，也不能加印。但在一些情況下還是滿有用的，像是作為調查或採訪的紀錄、攝影師實拍之前的構圖確認，還有派對等場面即拍即送給客人，以增添情趣。

拍立得相機隨著數位相機普及很快衰退，一時間幾乎變成舊時代的遺物。可是從幾年前起，開始受到年輕女生的熱烈喜愛，銷售量恢復呈上升趨勢。推動熱潮的台柱是富士膠片公司所推出的「CHEKI」，據說，這款相機在韓國有某些明星於部落格提到，又在熱門電視劇裡使用之後，在東亞國家人氣十分火紅，於二〇一二年世界銷售量達到一百六十萬台。

拍立得照片與數位照片不一樣，無法複製。但這個特點對現代的數位世代來說，反而很新鮮。還有，拍出來的照片下方有較大的空白，讓用戶可以書寫文字或塗鴉花樣以裝飾照片。另外，當場印出來的圖片紙張，也讓用戶可以加上自己的點子隨意運用，像是生活或旅行的紀錄、給禮品附上的留言卡、收納箱的標籤等等。

在照片上寫文字、畫花樣這些作業，用電腦或智慧手機也能做到。但還比不上用手寫、畫那麼快而簡單。還有，親手加工

◆日本富士膠片所推出的拍立得相機「CHEKI」得到年輕女生熱烈支持，最近也出了以成年人為訴求的款式。

比機器加工更具個性、更能反映當時氣氛，讓照片能變成獨一無二的東西。可以推測，這些特點比較接近手工飾品擁有的那些趣味。

順便一提，拍立得照片比一般照片更快褪色，所以作為一個記錄工具不算完美。但作為一種人際交往時的溝通工具，還是能發揮很強的力量。

◆用「CHEKI」拍了就當場能得到實體照片，它尺寸比較小，也能做成迷你相冊。

低精細和「故意拍得差」的感覺

二〇〇〇年前後，上市了最初的相機手機。當時像素數很低，功能也非常有限。而最近的一些數位玩具相機彷彿再現了那些性能而受到不少歡迎。

它們像素數至多是二百萬，也有只有三十萬左右的。大多沒有變焦、對焦、調整曝光、調整快門速度那些功能。相反地，有的會有「拍得差」的功能，像是過度曝光、過度反差、失焦、晃動、漏光等等。

用了這些「效果」會給日常的風景加諸一點非現實感，結果反而會拍到一些有趣、甚至讓人感到藝術性的照片。這些特點讓一些攝影師、藝術家深感興趣，特意用這些玩具相機拍攝作品。最近也有一些高功能相機廠商留意到這些動向，研發具有類似效果的功能和鏡頭。

另一個特點是極度簡單化的功能。它們大多不需要「像相機」的操作，按一下鈕就可以，有點像拒絕做複雜動作。當然用它們就不能期待拍到隨心的照片，但只要承認了這個特點，也會有一些玩法。

這些低功能玩具相機，去相機店看不到，很多就在雜貨店銷售。觀察一下就能看出，它們形狀都不太像正常相機。有的很像巧克力、餅乾等甜點，還有模仿貓、狗等動物形體，也有體型非常迷你的相機等等。

希望方便，但不希望複雜化

我猜測，帶著這種相機逛街的人，大概在其心理的角落都有「這不是相機，而是偶有一些像相機功能的東西」這般心情。

◆很多年輕人雜貨店裡，玩具相機占有不小的空間。

雖說數位相機比膠片相機簡單多了，但其實要運用說不上那麼「簡單」。具有正經功能、性能的款式還相當貴，對一般年輕人而言，門檻有點高。再說，持有一台性能高的相機就免不了感到「非得熟練地操作不可」這種壓力，也會在乎別人怎樣看自己擁有這樣高等機器的樣子。

我看，日本不少玩具相機是為了響應這種感覺而出現的。

這十幾二十年來，高科技快速地進入我們生活中，讓我們感到相當便利，另一方面也迫使我們為適應日新月異的技術進化，付出從所未有的勞力。這些情況引起了很多反作用，說不定玩具相機熱潮也是其中之一。

這不僅有相機，現在也有無數的操作複雜、機制難懂的機器。技術愈進步，愈多人想要「沒有知識、技藝也可以用」的工具。

室內栽培
——危機感變成遊玩感覺

家裡放田地

不用說，蔬菜本來就是要在大地上栽培的。但如今，這個自然之理不一定是個常識了。隨著植物工廠實用化，出現了「在工廠製造」的蔬菜，還有將此作為賣點的飲食店。甚至，在日本城市好像逐漸增加要在自己家裡頭栽培蔬菜的人。

リビングに、畑を置こう。

（把田地放在客廳）

——室內用水培機「Green Farm Cube」廣告（二〇一四年十月）

◆室內用水培機「Green Farm Cube」的電車廣告。文案介紹「安置種子，按按鈕LED就點燈，花三十天就成長」。

這則廣告所表達的「室內用水培機」可謂是一款家用小型植物工廠，ＬＥＤ燈泡取代陽光以培養葉菜。這種用電工具還是最近才出現的，不算十分普及。但這幾年來，室內用水培工具非常多見，其種類也相當多了。

這個趨勢就代表，日本人開始關注食物的自給自足了嗎？的確，日本的食物自給率相當低。但到目前為止，大多日本人對此不太關心。因為，每家商店都擺著一大堆既新鮮又好吃的食品，讓人們根本意識不到食糧是否充足。依我看，這股熱潮好像還有別的背景。

園藝愛好的年輕化

一般來說，大眾生活愈現代化，人們愈嚮往綠色生活。在日本社會，這種傾向第一次表面化大概是一九九〇年代掀起的園藝熱潮。從前，園藝一事大致被看作是退休人的晚年愛好。但這些時期，英國造園文化就作為一種「瀟灑的生活樂趣」被介紹給日本民眾，吸引了不少年輕城市生活者的目光。

這股園藝熱潮十年左右就過了高峰。此後，「環保（eco）」、「樂活（LOHAS）」、「慢食（slow food）」等綠色概念陸續受到關注，隨之愈來愈多的城市人開始對業餘農業有興趣。此熱潮的主要族群是，屆於退休年齡、開始探尋第二個人生樂趣的「團塊世代」，還有生了兒子後開始考慮下半輩子的三十至四十歲的人。從二○○○年代後半，在很多城市邊緣開始出現了由地方政府或企業經營的「市民農園」，給附近居民出租每區約有十~三十平方米的地方，讓他們享受耕種勞作。

對食品的信任動搖

另一個重要因素是對食品質量信任的動搖。基本上，日本食品被國內外很多人視為品質很高，但時而發生一些事件或醜聞，對這個評價造成威脅。例如，二○○○年代後半發生了一些有關食品的醜聞：殺蟲藥成分混入的餃子上市，讓幾個人中毒；一些食品廠商被揭露篡改自家產品的最佳食用日期、生產地等信息；一些著名餐廳在菜單上冒稱實際上未使用的高級食材。

其中一些事件是因進口食品而來的，但很多還是歸咎於有關企業、工廠的管理不好。無論如何，這些事件讓

◆白菜、蘿蔔、馬鈴薯等比較大的蔬菜都可以室內栽培。

大型商城、百貨店也積極引入植物裝潢。

民眾對一般市場出售的食品質量有所懷疑了。我想，上述「市民農園」的客戶當中一定會有這種感覺的人吧。恰好在那些時候，油價高漲使資源和糧食價格呈現一次性上漲，因此也讓不少人開始關注自家種蔬菜。

三一一帶來的新契機

而三一一，讓上面的趨勢有更大規模且更新的發展了。

福島核電站事故造成周圍地區被輻射污染，包括農地在內。因此，向來一直提供首都圈美食的福島縣產品有很長一段時間不能上市了。一部分人還相信，東京和周圍地方的農地也無法避開輻射污染，就對一般商店銷售的食品疑神疑鬼。在這種情況下，日本植物工廠有了大幅度發展。同時，一些花卉商店、DIY店、雜貨店開始用力推銷很多種類的室內用蔬菜栽培套件。一開始只看到種香芹、羅勒等小型葉菜或香草的，至大也僅有迷你番茄，但不久後蘿蔔、胡蘿蔔、白菜、大蔥等大型蔬菜也登場了。

這些種植套件當然滿足不了家庭每天的蔬菜需求，不算實用。但「這些蔬菜在我的生活空間成長了」這個事實，至少能夠讓使用者相信，它們不會包含什麼不好的東西。就是這個安心感，在三一一後那段緊張時期非常有價值。

適應「室內用」的發展

為了適應室內栽培，種盆設計也相當講究：力求協調室內空間，尺寸比較小巧，還加上一點俏皮感覺。例如，模仿杯子、雞蛋、胡椒罐等生活上常見的東西。有的還利用飲料小瓶、沙鍋等當作種盆的。銷路也有一番研究，例如我在書店的文具賣場看過這種產品作為「小學生實驗套件」的款式。

另外，這些產品當中較常見到使用「人造土壤」的，也就是用陶瓷粒、含水凝膠等人造物質來替代土壤。這反映了現代城市的住宅與外頭隔絕，讓人不願意把土塊放在清潔的房間裡的現象。

無論如何，就這樣「室內栽培」這個概念相當得到大眾的認同了。

◆聲稱具有去臭功能的盆菜產品。據說，空氣中的臭氣粒子被用竹炭做的土壤吸附，能被土壤裡的某種細菌分解。

◆一些植物愈來愈像家裡裝潢雜貨。

室內植物寵物化？

而現在，上述的食品安全問題、對輻射污染的恐慌早都消退了。我推測，這是因為很多日本人執著心比較淡薄（用負面說法是沒恆心），難以把「以防萬一」的意識堅持到底。那麼，日本的室內栽培熱潮今後就會衰退下去嗎？其實未必。因為，在此顯現出一些新動向，就是用植物裝飾室內空間。

最近很常看到，在大規模購物中心和商務大廈，除了在其開放的綠地之外，還在屋內的通道等公共空間種植多姿多彩的草木，讓訪客賞心悅目。不太清楚這些動向是否為上面介紹的室內栽培熱潮所致，但至少可以說，很多人習慣了室內有植物的環境。

還有這一兩年來，那些銷售香草、蔬菜栽培套件的商店開始賣力推銷觀賞植物的小盆。再說，這些新款盆栽很多布置成俏皮的場景，講究可愛設計不用說，也有附上一些小模型，致使植物生長起來就像一些人或動物在田地、密林等地方活動著；另一些採取童話書的形狀，種植的小草成為圖畫的一部分，諸如此類。

這些產品其實代表一部分人似乎對小植物有很可愛的印象。它們不說話，也沒有表情，一直待在室內默默生長，但這些人大概把它們看作寵物。

◆室內種盆的設計頗有創意，塑料飲料杯、PET瓶、胡椒罐、沙鍋……還有配上小模型的。

也有「功能植物」領域的發展

不用說，這些有趣產品流行的背景除了消費者意識的演變之外，也有各種技術發展。今後，盆栽就會占有室內裝飾中一個重要地位。

不止如此。日本人本來就具有一個特性，就是給日用品附加一些方便、保健、舒適等功能，看來，室內植物也開始講究這些了。例如，我最近看到的新款室內盆栽聲稱具有除臭功能，雖然它好像還沒那麼走紅，但我看這種產品也值得關注之後的發展。

◆可以像小型繪畫掛在牆上觀賞的小草。

紙工藝套件——日本人與紙一千多年的相愛關係

這尊佛像不是雕成的

有一天，我逛到某家雜貨店時，看到有一個著名佛像的複製模型，和一些人形以及搞笑產品，一起放在展覽架上。我就想，現在佛像走紅了些，在這種店家銷售也不太奇怪。但我有點擔心，因為這尊約一公尺高的佛像，卻是放在較高的地方，顯得有點危險。於是我靠近仔細看，才知道它居然是用一款紙製配套元件做的。儘管是紙製的，但它做得非常精緻，除了陳舊的木紋之外，身材的曲面、衣服的褶子都忠實再現原創佛像，從遠處看，真的會錯看成一尊古董木像。

◆紙工藝佛像，尤其是其上半身，乍看之下幾乎會誤以為是木雕的。

紙不只被用作筆記、印刷的載體，也會成為輕便的玩具、手工材料。在日本，任誰都在小時候玩過摺紙遊戲，做紙鶴、紙飛機、紙槍等等。還有這些年來，摺紙作品擺脫了以往那些簡單的直線造型，有了大進化。一些專家和愛好者陸續研製出非常寫實的動植物作品，還有部分人研究、製作用紙摺成實用的小裝飾品，還有小盒、筷子架等生活工具。

另一方面，最近也發展出與摺紙不一樣的新方式紙工藝產品，讓市面更熱鬧一些了。

細密的結構勾起手工欲望

開頭介紹的佛像套組，以書籍的形狀銷售。每頁紙張上印有每個部位的零件輪廓和精確再現的木紋，玩家將此沿輪廓線剪下，透過摺、捲、搭配、糊等作業做成部件，然後組成全身。每個零件形狀都相當複雜，加上輪廓

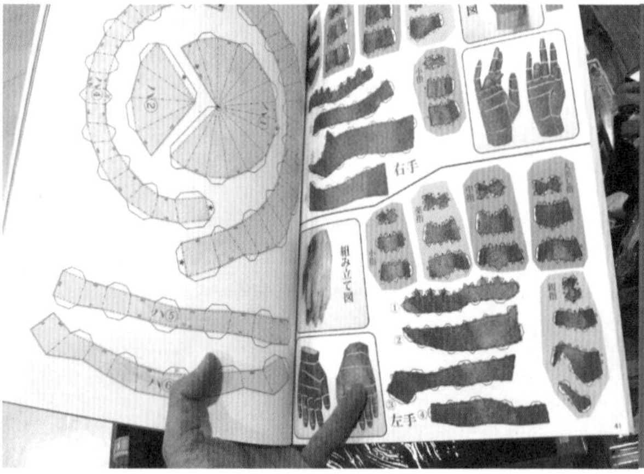

◆上圖；紙工藝佛像做得非常細密，零件很多。
◆左圖：人體骨骼的紙工藝「ボーニー」做完後高為一百六十公分，等於實體人體。

外圍有黏貼處，光是剪下都不容易。

另外也有類似概念的產品，例如用紙零件做骨骼模型的。這款由解剖學家參與設計，精密再現了人體骨骼的細節，成品的手腳關節還可以活動。

這些紙工藝套件都要求玩家發揮較高的技巧和集中力，但正是因為難做，其樂趣顯得更大。網路上會看到一些愛好者在網誌上，興高采烈地描寫一點一點進行製作的過程，並貼上製作中的照片。

不是只有這種難做的紙工藝才流行。在雜貨店、書店、文具店，也常看到比較輕便的紙工藝套件，多是動物、著名角色、車船飛機之類的。設計也多彩多姿，從組合小盒形來做的簡單款式，到儘量接近實體形狀的，對象從小孩到大人的，統統都有。

◆從昆蟲、海洋生物到恐龍骨骼，有很多種類的紙工藝套件。

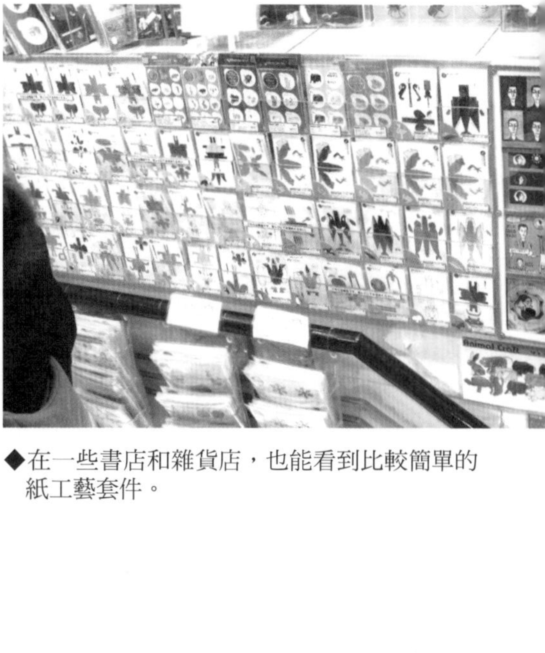

◆在一些書店和雜貨店，也能看到比較簡單的紙工藝套件。

也有鑑賞用

也有另一種紙工藝，就是把已切割好的紙板縱橫地組裝，做成動物、動漫角色什麼的。這種產品未必那麼細密地再現對象的細節，但無數的斷面拼合而成的立體形狀具有獨特的美感。還有，就某種動物、昆蟲、角色等產品來說，像是動物的耳朵、昆蟲的翅膀等有特點的部分，會再現原汁原味的色彩及花樣，加添現實感。這些產品組裝比較容易，所以製作中的樂趣會小些，主要用途大概是做完後擺在房間鑑賞。

另外，有一系列熱門紙工藝品牌從建設模型衍生出來了，叫「寺田模型（TERADA MOKEI）」。這是由1/100型號的人體、動植物、小型建設物、設施等紙製模型而成。這些原本是所謂「添景」之一，用途為布置在建設模型裡，以便想像建築物的大小以及完工後使用的樣子。現在由一家紙工公司將其培養成一個紙工藝品牌，受到很多人的關注。

這系列款式很多，除了住宅、辦公室、工地、動物園等一般風景之外，還推出了東京、紐約等著名城市風光，也有再現了漫畫、文學作品名場面等不同主題產品。哪一款式都只用小小的紙製零件精緻地再現，令人驚訝。這一系列就像塑料模型一樣，每個零件已經做完了形狀。玩家只要將其從框子割開，然後摺、組一下就完成。所以製作作業並不難，但每個人體、樹木、車子等部件布置的位置沒有規定，如何布置就視個人的審美觀。

日本人歷來喜愛紙

如此，日本市面上有很多的創意紙工藝產品，這代表日本人對紙抱有一種親切感。我看，這個感覺是從長久以來的歷史中培養出來的。

據悉，製紙法於七世紀傳入日本。然後不久，日本人用日本常見的植物開始於國內生產紙。當初，國產紙專用於抄寫經文，等到十世紀前後，其用途擴大到房屋門窗、室內裝飾以及家具等生活領域。

十七世紀的江戶時代，社會進入了穩定時期。然後，日本的紙生產大幅度增加，普及到大眾社會，用途就更為擴大。例如雨傘、提燈等生活用品；不倒翁以及其他娃娃、玩具之類；甚至衣服、被褥之類也出現了紙製的。另外在儀禮和宗教方面，也發展了某種透過摺紙來表現禮節的文化，例如禮品的包裝方法以及神社的護符、祭神驅邪幡等等。

◆寺田模型的「添景」紙工藝以其精密的設計和美觀，吸引到很多人的興趣。

◆摺紙文化也深深扎根於日本生活文化，現在也時常出現新款摺法。這是用摺紙做機器人的產品。

就這樣，日本人發現了紙作為生產材料的潛力很大。紙很輕，容易加工，耐於纖細的造型，所以即使技巧不太高也能做較多種類的東西。我覺得，日本人歷來很珍視手工，所以紙的特性非常適合他們的心情。也可說，就是紙的存在培養了日本人珍視手工的精神。

紙工藝和「隱喻」文化

此外，我看了這些紙工藝產品就聯想到日本傳統的「隱喻」（日文叫「見立て」）文化。

「見立て」的典型例子就是日本庭園的一種形式，叫做「枯山水」。例如，由細沙碎石鋪地，上面放大石，加上在其周圍的細沙，做成波紋般的同心圓，以表現「一座小島浮在大海」。

由此可見，「見立て」就是為了表達風景或者事物，特別使用比實體對象還簡單的事物，藉此在觀眾的想像空間裡，鮮明地、深刻地描寫出對象。一般來說，描寫對象和表現素材之間的外表差距愈大，愈有趣味。還有，為了補充這個「差距」，有時會講究表現細部的真實感。

我想，現在使市面熱鬧的很多紙手工產品繼承了這些「見立て」文化。

另一個背景：設計、加工技術進化

就這樣，從現代紙工藝熱潮裡可以看出日本傳統文化的精神潛流。但是，對「為什麼現在就流行紙工藝」這個問題而言，就少不了一個現代性因素，就是生產技術的高度化。

隨著電腦技術發展，設計技術也達到大幅度的進化，因此企畫者能夠把創意非常容易地、精確地反映到設計圖上。這些設計技術與精密化加工技術連結起來，才能實現這些既精密又創意的紙工藝產品。

一說到技術進化，近年3D印刷機實用化，讓大眾能夠把個人創意直接變成實體物品。可是我想，這些便利性和高效率說不定不太符合日本人對手工文化的情感，以及像「見立て」那樣複雜點的玩心。我看，今後3D印刷再紅也不會消滅紙工藝愛好，相反地，要是紙這個輕便的材料結合3D印刷機，或許會產生更有趣的發展。

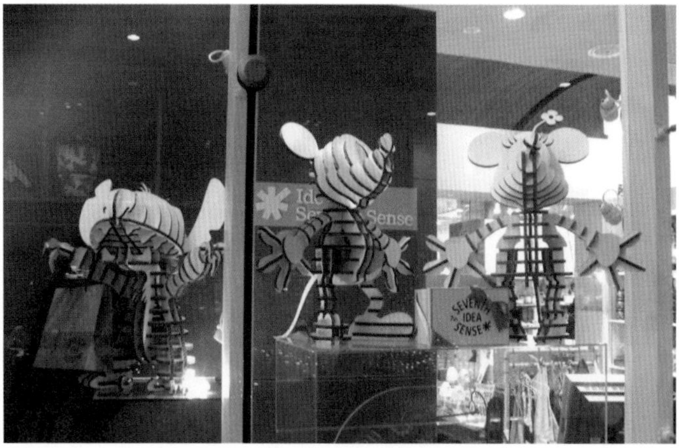

◆「d-torso」紙工藝，是用已切好的紙板組合，做成與眾不同的美術性人像。

分冊百科——「速成達人」文化

每兩周來一個零件

當我女兒進入小學，求知欲旺盛起來的時候，有天，老婆發現一本雜誌將創刊，為了女兒的教育，建議我訂閱。

這是名為《体のふしぎ（人體之謎）》的雙周刊兒童雜誌。內容是用ＣＧ圖片和易懂文章來介紹人體每個部分的結構、機制、功能等知識。特別讓她動心的是，每集附有模仿人體每個骨頭、內臟的模型零件，客戶訂閱每集，即能收集零件、慢慢組裝，最後完成一個全身人體模

◆分冊百科的規模不一定，有的只有二十期，也有多到一百期的。不一定一開始就明示總共有幾期。

型。她說，女兒本來就很喜歡手工，必定會喜歡這本雜誌。

創刊號只賣一百九十日圓，是少年漫畫周刊雜誌的半價左右，算相當便宜。我覺得內容也不錯，就買了頭幾期。首先來的是頭蓋骨下一半和一套牙齒；下一期就來了頭蓋和整個腦；其次是頸椎以及肋骨的一部分。我女兒都興高采烈地組裝了。

但第三或四期以後，價格漲到一千一百八十日圓一本，據悉這才是通常價格。而這也意味著我家每月的支出要增加兩、三千日圓。對我們這個收入不多的一般家庭來說，這個金額可不能小看。而且期數愈大，附錄人體零件規模好像愈小氣了。

到此我開始擔心，買到什麼時候才能做完一個人體？假定持續兩年，共有五十期的話，我們為此付的錢應該近乎六萬日幣左右。付了不少的金額，耐心地收集零件後，得到的僅僅是一個身高一百一十公分的塑料人體模型。再說，從每個零件的質量來看，整個模型的品質不算太好。於是，我判斷這是一個浪費。

問題是女兒已經對此有不少興趣，儘管對不起她，但我還是說服她打消繼續收集人體零件的念頭。

分冊百科的來源和發展

以上是七、八年前的事情。之後我一直沒有再對這種雜誌動過心，但好像愈來愈多人對此感興趣了，每去書店都會看到出了新系列，很多店為此騰出不少空間。系列內容也相當引入流行，例如有組裝「小型機器人」、「3D印刷機」等等。還聽說，我們曾「上當」的《人體之謎》，最近換了一些外表後，再次創刊了。

據說，這種雜誌叫做「分冊百科」（是日文名稱，不知道中文是否有對應的譯詞）。據Wikipedia說，此原本是由歐洲一家出版社原創的出版形式，把百科全書、動物圖鑑等大規模書分成很多期的薄冊，以抑制價格定期刊行。這個形式約在七〇年代被引入日本，我記得我父親曾訂閱一家報社所刊行的，對一種動物加以詳細解釋的分期分冊動物圖鑑。

◆分冊百科的題材無限，影片、戰爭、運動、科學、傳統演藝等等。

之後，很多出版社開始採用這個形式，而這十年來，其製作概念有所改變了。就是「百科全書」般的內容比較少了，而愈來愈多是依照一個主題，定期提供業餘愛好領域的知識或物品了。此類也叫做「one theme magazine（單一主題雜誌）」。

其中最具代表性的就是，上面所介紹的組裝模型系列。此外有收藏品系列，例如每期附上一枚外國世界硬幣、一款迷你汽車模型、一張爵士名人ＣＤ等等；還有介紹全國或世界各地的名勝、城堡、神社和寺院的（多數沒有附錄），這可以說成旅行系列吧；另外也有函授系列，就是以手工藝、繪畫等領域作為一項主題，每期介紹一些技術和小招。最近特別熱門的有懷古錄像製品系列，就是附上曾經熱門的影片、電視劇的ＤＶＤ。

嚮往「達人」的日本人

我不知道其他國家的情況怎麼樣，但對日本來說，分冊百科是一個能夠巧妙地引誘消費者心理的出版形式。

我認為，日本有不少人具有「マニア（狂熱者／mania）」素質，就是對於一件事情一有興趣，就不考慮有否意義、得失如何，非得十分投入、尋根究底不可的性格。為什麼日本有很多這種類型的人？我想到幾個可能原因，例如，日本是一個島嶼國家，很難與其他民族進行交流，因此培養了內向的性格；或者日本物產豐富，讓人們有時間關注生存競爭之外的種種事情；還有因日本人具有認真、拘謹的國民性，有缺就要彌補，不愛半途而廢。

而日本擁有的多種文化資源，也很容易刺激這種人們的狂熱素質：國寶、歷史建築等文化遺產不用說，也有古典音樂、往年熱門好萊塢影片等外來文化。另外，動漫和電視劇、懷古玩具和角色產品、還有飲料零食的包裝藝術等次文化作品也非常有潛力。

還有一個重要因素，就是一些狂熱者在日本社會獲得高評價。說起來，被叫做「マニア」的人對特定事物的關心高得出奇，而對其他事物的關心會相當低，往往不太符合人情世故。但這些人很可能達到別人難達到的成就，有別人難有的大量知識。不少日本人重視此點，給他既佩服又驚訝的稱讚，有時以「達人（日文念tatsu jin）」稱之。總而言之，日本社會有潛力產生多姿多彩的「達人」，又有很多門戶朝著「達人境地」開放。分冊百科也是這些「門戶」之一。

捨不得花錢和努力

其實，分冊百科熱銷的背後，與「狂熱、達人」文化相反的另一個因素，就是「速成」文化。

達人，的確引起很多一般日本人的注目和嚮往。但達人和一般人之間，一直有一堵難以跨越的牆壁，就是「努力」和「費用」。不用說，一般人大多只愛夢想，不愛花費和麻煩。而日本原創的「速成」文化，為了滿足這種大眾心情，便發揮很大作用。

以速食麵為開端，日本人不停地研製出一大堆速成產品。一開始，它們是為了「滿足忙碌人生活上的需求」而被做出的，但現在其主要目的已變成「用最少勞力和費用能享受『正宗』感」了。例如，現今很多速成食品宣稱，它再現了名店的味道。另外，有一種手工藝用黏土頗受歡迎，它可以隨意捏成戒指或垂飾形狀，然後用爐烤成純銀飾品。還有幾年前當古典音樂正熱門的時候，就有幾家公司出版了「專家挑選的莫札特最佳一百首樂曲」之類的CD等等。

◆分冊百科其實還沒有固定名稱，也被叫做「one theme magazine」、「part works」，還有一些提供專用文件夾，因此叫做「file magazine」。

現代日本的分冊百科就包含這些「速成」概念。你不用花什麼勞力和努力，只等候一、兩周就自動出現你想要的知識和收集物。你免不了花一些錢，但與正宗的狂熱者相比，就算不了什麼。

還有一個關鍵，就是這些「速成」的狂熱活動會比較簡單地結束，大多不會長久持續下去。依我看，分冊百科的大部分讀者不會完成整個系列，即便是完成了也不會對這個領域追根究底，即開始關注另一個系列。我想是這些「速成狂熱者」的性情支撐著分冊百科的熱銷。

VOCALOID
——網路擴展了興趣愛好空間

這些是什麼歌？

我女兒很喜歡唱卡拉ＯＫ。我們夫妻也喜歡，所以以前試著讓她多聽一些我們喜愛的歌曲，之後去卡拉ＯＫ可以一起唱唱。但這個主意根本沒有成功。

失敗的理由非常簡單，因為她的朋友給她介紹她們喜歡的歌，結果她淨唱這些歌了。還有，這些歌曲都有我們從來沒有聽過的內容和形式，讓我有點困惑。例如，歌詞唱得太快就像繞口令一樣，我們聽不清楚她唱什麼；對歌詞句子的意思也一竅不通；旋律太複雜也讓我們難以記住等等。她們迷上的就是所謂的「VOCALO（ボカロ）歌曲」。

什麼是VOCALOID

應該不少人都知道，VOCALO歌曲是指，使用「VOCALOID」這一語音合成引擎所製作、演奏的原創歌曲。

VOCALOID技術於二〇〇三年，由日本樂器廠商YAMAHA開發問世。此後，一些軟體商就用此研發、上市了所謂的「虛擬歌手」，即一種用合成語音跟著MIDI音樂演唱的軟體。其中特別引起關注的就是二〇〇七年推出的「初音ミク」。相較於以往的虛擬歌手，「她」多了一些出色的特點，就是更能再現人的自然歌聲，其取樣了日本著名配音演員的聲音作為音源，且角色設定就像動畫作品中的人物一樣精巧。因此，她上市時特別引起了動畫迷的關注。

正好這個時期，YOUTUBE、NICONICO動畫等視頻

◆「腦漿炸裂GIRL」是VOCALO歌曲的一個典型。歌詞很難懂，旋律超快，要記住、歌唱都難。但發表後只過五個月，視頻分享網站的播放次數超過五百萬次，又被改編成小說、漫畫、電影。

分享網站開始普及，很多用戶就讓初音ミク演唱各種流行歌曲，並在網上分享。不久後，ＤＴＭ（desk top music，即指運用個人電腦和電子樂器製作數位音樂）用戶也關注了VOCALOID，用此在網上發表自創曲。

就ＤＴＭ來說，在日本從一九九〇年代開始普及，早在出現VOCALOID之前已經有不少用戶。可是，當時的ＤＴＭ只能做不含人聲的器樂曲，為了加人聲就不得不自己唱，或者要找善於歌唱的人。所以，ＤＴＭ音樂創作不算一個對萬民開放的興趣。而VOCALOID技術完全改變這個情況了。只要一個人操作個人電腦，就能完成演奏、歌唱齊全的一首歌曲，還能透過網路全球分享。此後，創造歌曲、讓虛擬歌手演唱、網上發表這一連串的活動，作為一個興趣愛好，在社會上扎根了。

VOCALOID的影響不限於音樂領域，也給插畫、ＣＧ、動畫、小影片等視覺創作領域帶來不少刺激。一些有

◆初音ミク（MIKU）作為一個角色提高了知名度，被起用為一些與音樂無關產品的代言人。

力的VOCALO歌曲讓很多有才華的人聚集，製作質量很高的音樂影片，在網路得到高評價。從這些動向中也輩出了一些專業歌手和音樂製作人。還有漫畫、小說等文學活動也跟一些VOCALO歌曲聯繫，創造出綜合性娛樂作品，吸引了不少粉絲。

VOCALO創造了什麼

以上是我透過一些網上解釋和幾部VOCALO動畫了解到的事情。雖然VOCALO問世只十年左右，但世事多麼瞬息萬變。甚至，現在網上都散見「VOCALO已經落後了」這種看法。實際上，在視頻分享網站發表新創VOCALO歌曲的數量的確以二〇一二年為高峰，以後逐漸減少。但VOCALO歌曲作為一個音樂類型，仍給日本次文化留下了深刻的足跡。

不少VOCALO歌曲依靠電腦的高速性和正確性，做到從前歌曲見不到的實驗性內容。例如，旋律像過山車一樣上下顛簸；節奏快到實體演奏者無法再現；時而會有奇怪的轉調，令人吃驚等等。歌詞方面呢，誠然有值得欣賞的作品，但也有一些作品太難懂、還有顯得只顧擺出有衝擊力句子的。

據悉，不少VOCALO歌曲受到十幾歲少年少女的熱烈支持。一般來說，這年齡層的人比較喜歡極端的事物，對社會的矛盾很敏感，所以關注這些新面貌音樂也不算奇怪。對他們來說，VOCALO歌曲已經屬於他們青春的一部分，也成了這輩人次文化的一個重要因素。

然而，不得不承認VOCALO歌曲已經沒有以前的那些鋒芒，說不定不太適合現在特意介紹。可是，對那些喜愛音樂創作的人來說，VOCALO技術仍然是一個有用工具。更重要的是，這個工具無疑地大幅度降低了「音樂創作」這個興趣愛好的門檻，極端地說，只要有VOCALO，就連散步中的隨口哼唱都可以變成讓世界激動的音樂。

網路改變了興趣愛好的世界

網路技術的高度發展帶給我們生活很大影響。其中不可忽視的一件事情就是，一般人生活中的一些普通行為，透過網絡就會變成頗有魅力的興趣愛好。

一個典型例子應該是日記吧。寫日記的人古來就有很多，但持續寫下去，就會變成一個生活習慣，算不上興趣愛好什麼了。可是出現部落格這個網路工具以後，很多

◆「千本櫻」也是最熱門VOCALO歌曲之一。它引入了日本古典旋律特點，形成了比較的曲調。它被起用為豐田汽車油電混合車「AQUA」的廣告曲。

人就把寫日記當成自己的「興趣活動」了，也有人從別人部落格看出很多魅力了。

還有製作視頻。錄像這一行為，向來除了專業工作之外，大多是父母為了記錄孩子的成長而做的。誠然以前也有一些人喜愛做小影片，但人數不算多。然而現在看YOUTUBE多麼旺盛就明白，現今有數以萬計的人樂於錄下自己身邊的大小事了。

愛心便當也是一個好例子。每天為家人做便當，基本上是很多家庭主婦都難以避免的一種義務。可是現在有一些人將此作為一個愛好，天天把「今天的作品」拍成照片發表在部落格上，與網友分享。他們的作品不僅僅是為了討子女喜歡的花招，更是一種創造、表現活動。

為什麼這些行為如今成了吸引很多人的興趣活動？一個有力的理由應該是，網路技術的發展和普及給他們帶來了自由、便宜的發表空間。

基本上，興趣愛好是純屬個人的行為。但在很多場合，其樂趣就來自別人對你的技藝、作品或收集物給予的認同和評價。所以，為了飽享你的興趣，你就要先找到一些發表空間，讓別人來關注你的興趣領域。而現在，網路技術能夠承擔這種功能了。如今，誰都能夠透過網路，與住在遠處、從未見過面的同好自如交友，分享作品。這樣下去，個人生活上的其他很多行為，像是化妝、肌力訓練、甚至上下班，都可以成為興趣愛好。

對本人來說……

同理，「學習外語」也可以作為一種興趣愛好了。

世上有很多人嚮往外語著手學習，但只靠嚮往也不會有成就。外語本來是一種實用工具，所以要繼續學習，就先要有具體目標或實用性目的，像是工作、留學、與外國人交往等等。可是，最近好像有些人沒有什麼實用目的，單純把外語當作一個興趣愛好來學習。說實話，本人即是其中之一。

我開始學習中文的動機是對漢字的興趣，至今沒有機會在生活、工作上利用中文。但我的中文學習經歷，雖說沒有太出色的進步，也已經十年多了。我想，我可以堅持這麼久還是多虧部落格、推特等網路交流工具。有了這些，我就能夠給很多海外人士直接看我的文章，直接得知他們的看法和共鳴，還能得到新的知識和消息。此外，他們時而把我的文章介紹給別人或某些媒體，這也給我好多鼓勵。透過這些經驗，我確信除了自己技能有所提高之外，還要有別人的認同和交流，這樣什麼行為就都可以成為興趣愛好。這正是網路時代才能帶來的樂趣。

回歸正題。所以，即使VOCALOID已經不再產生新熱潮，也仍能作為一個有用的興趣愛好工具長久生存。要是今後這個技術更提高性能，數位音樂編輯功能更為便利的話，必定有愈來愈多人享受音樂創作、發表、分享的樂趣。

寫字、讀書

在人生任何階段都很重要

書寫用具
——講究「寫感」

日本人和「寫味」

日本人自以為，對五感有既銳敏又細膩的感受力。例如，在文學上很常會提到手感、氣味、色彩等因素。不少人當遇到某些事物滿足自己五感的時候，就會非常珍重它。這些「事物」並不特殊，而是往往會在日常生活中碰到的，像是「書寫」這個行為。

日文有「書き味」一詞，直譯就是「寫的味道」，意指寫字時，筆頭碰、壓、擦紙張的感覺。為了表達這些感覺刻意用「味道」一詞，不正顯示了日本人重視五感的性情嗎?無論如何，日本很多書寫用具就有非常細微、緻密的講究。

筆頭發揮多姿多彩的寫感

用鉛筆或自動鉛筆書寫，筆芯就會逐漸磨滅，使得描線變粗，寫感也會有所變化。用磨鈍了的筆芯寫細小的字，字的輪廓就會有點模糊。當然有很多人不太介意這些微不足道的事情，但也有不少人討厭。那些人寫字的時候，就會下意識地轉動鉛筆，把筆芯較尖的部分壓到紙張寫。

日本一家文具廠商研發的自動鉛筆「KURU-TOGA」，居然替用戶做「轉動筆芯」的動作。這支筆的機制，就是利用筆芯壓到紙張時的壓力，每個筆畫就轉動筆芯九度，讓芯尖可以保持圓錐形，一直能以一定粗度描線。聽說，一些使用者太習慣這個機制之後，就再也不想用普通鉛筆了。

有些人反倒願意把自己寫字時的用力習慣反映在描

◆「KURU-TOGA」芯尖的放大照。為了保持這個形狀，日本廠商貫注了細密技術。

線上。例如，有一款書寫筆稱為「cocoiro」。乍看之下，它與其他筆沒什麼差別，但其筆頭具有微妙的彈力，寫感就有一種柔和的感覺。另外，使用者的筆壓可以反映到描線，寫出粗度有變化、有情趣的字。據廠商說，研發這款筆，為的是給日用書寫稍加毛筆的味道。

在日本，現在幾乎沒有人常用毛筆。但很多人對毛筆有不小嚮往，當要寫賀年片、或者要在紅包上簽名的時候，如果會用毛筆寫美麗的字，就能獲得眾人的尊敬（起碼有很多人這樣想）。可是正宗毛筆不太方便，不適合諸事繁忙的現代生活，因此很多人用墨筆取代之。在臨近年底時，文具店就會把墨筆放到店裡最明顯的地方，建議用墨筆寫賀年片，大力促銷。一般人使用墨筆的機會不多，但每家文具廠商對此都很有講究，有些產品寫感趨近於正宗毛筆，另一些就用海綿狀材料的筆尖做出易用款式，也有比較接近麥克筆的。

墨水追求最佳寫感

由於墨水的性質，寫感也大不同。在這個領域，原子筆的成就真的太厲害了。據悉，原子筆原本是為了把印刷用油墨應用在書寫而發明的，因為油墨不會弄濕紙張，也不會在紙上暈開。但油墨黏性太高，使得筆畫飛白，且寫感有點重。為改善這些缺點，日本一些廠商研發了水性原子筆及用膠體墨水的中性原子筆。尤其是中性筆，描線不會暈開的特性和豐富的色彩大受歡迎，據說其銷售量已經超越油性原子筆。

但幾年前，油性筆展開反攻。一些廠商上市了寫感非常滑潤、輕鬆的新種油墨原子筆，立刻受到事務系上班族熱烈的歡迎。根據一家廠商網站介紹，油墨研發之際，先試製多種溶媒、潤滑劑、色素等原料，嘗試了幾千種配方後，選擇了最好的一種；還有筆尖的鋼珠也應著油墨特性重新設計了。這些小到看不見的原子筆筆尖，可說就凝聚了日本多種高技術。

後來，還出現了「油性和水性渾然一體」的「乳化墨水」，加入了原子筆的份額爭奪戰。現在原子筆的墨水種類，多到令人聳肩苦笑，但試用一些筆就會知道，的確每款墨水的寫感好像都有特點，提供消費者挑選「最適合自己」的樂趣。

另外，有一家廠商推出了一款有特殊墨水的原子筆，名叫「FRIXION」，即寫字之後，可像鉛筆一樣擦掉。這是一個功能上的特點，與寫感無關，但還是關係到

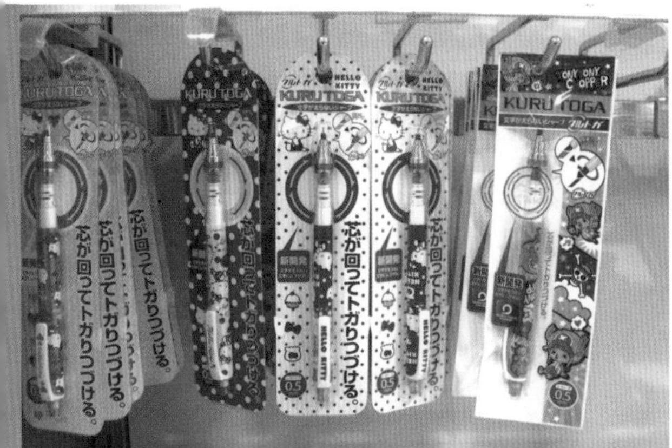

◆「KURU-TOGA」有推出Hello Kitty版本。這代表著，很多年輕女孩喜愛這款產品。

◆很多文具店原子筆賣場都準備試寫用的紙條。

感性的問題。我的一位友人愛用它在記事本上寫預定行程。有一天，我問他為什麼不用鉛筆？他回答說，用鉛筆寫的字，後來被紙摩擦後，不是變得難讀就是會弄髒紙，他很討厭。看來，起碼他是由於感覺上的問題選擇了它。

也可以挑選筆桿的「握感」

握筆的感觸、合適感也算是一個重要因素。很多原子筆和自動筆，在筆桿部分會加一些防滑片，其設計也相當有講究。有一些款式的設計合乎手指形狀，另一些款式則研發了十分柔軟的彈性材料，握起來好像有吸著手指的使用感。這些用心著實讓消費者再三猶豫。

如果你天天會寫很多字的話，筆本身的沉重感也值得注意。有些研究指出，筆身重心高，會讓使用者感覺沉重，較快感到手指疲累。所以一些款式聲稱採用低重心設計，防止疲倦感，耐於長時間書寫。

「自己專用」的樂趣

為了挑選「適合自己感覺」的物品，與眾不同的外表也會是一個關鍵因素。尤其是女生對這方面很注重，所以一些廠商推出「女生專用」的筆，例如筆身印刷有時髦花樣的，還有一些多彩原子筆，讓客戶可以從幾十種墨水顏色挑選自己喜歡的幾種，搭配做出自己專用的一支。

值得關注的是，本文介紹的筆都不算是高級品，而是在超市、超商販賣的日用書寫用具，就能實現了這些用心。連孩子都可以買到「KURUTOGA」自動筆，還可以挑選多彩筆的墨水顏色。隨著電腦的普及，傳統書寫用具的上場機會逐漸減少，但仍有不少人覺得筆具有的易用性，還有那些「寫感」，是少不了的。所以，日本書寫用具的進化還會持續一段時間吧！

◆上圖：各家廠商陸續推出新寫感、新握感的筆。

◆右圖：有寫筆也講究可愛性。

筆記本、手寫ＩＴ工具
——手，還是終極的行動裝置

紙張筆記本火紅了

現今，一說到「NOTEBOOK」很多人就會以為是筆記型電腦，但最近在日本受注目的，是那種把幾十張紙訂綴在一起的傳統「筆記本」。

最近，東京一些地方陸續開張了大規模購物中心，而在其營業的商店中一定會有一、兩家文具店。還有規模比較大的書店也會騰出一些空間，推銷文具。其中，特別被重視的還是筆記本和手帳之類。這幾年來，日本筆記本做到了多方面的發展。除了品質和美觀，也有很多新的功能，還出現了能與ＩＴ工具連結的款式。這些發展真是令人激賞，我每次去文具店都會有新的發現。在此介紹一下，最近出色的一些設計方向。

個性文具興旺的背景

在日本最常看到的筆記本是，尺寸為Ｂ５或Ａ４的有線筆記本，日文叫做「大学ノート（大學筆記本）」。現在，這種筆記本種類非常多了。其中，一些懷古風格設計的款式顯得比較受歡迎，在賣場占據比較顯眼的空間。但仔細看，它們並不是以「溫故知新」的概念推出的，有些版本是配合現今風格的插圖來創造新奇個性。當然，「可愛」系設計也相當繁盛，有的封面塗上鮮艷華麗的顏色，有的則印了照片或角色，以各自的方法討顧客喜歡。

有一個意外的看法：這些設計文具百花爭艷的部分原因竟是，日本長期的不景氣。尤其是雷曼事件以後，很多企業開始縮減各部門的經費，包括辦公用品的採購。因此現在大多公司都要求職員自費買自用的文具。職員就想，反正要自費，就買一個最稱心的吧！就這樣，對個性筆記本的需求大幅提高，因此每家廠商也開始力求發展產

◆現今的文具店好像愈來愈關注筆記本。

品設計……，這是我在進行一家辦公用品廠商廣告的時候，從一位負責人那聽說的。

可不是只要能寫字就好

人們對筆記本期望的不僅是好看的設計，還會有易用性和高功能。

上一篇中，我提到了書寫用具講究「寫感」的傾向。而筆記本廠商也有此一概念，講究品質。像是墨水難以暈開或滲到後面、運筆輕鬆滑溜、甚至紙張的手感好等等。據悉，這些寫感好的紙張已在一九六〇年代研發出來，直到現在才開始受到很大關注，顯示著這種需求多麼高了。

還有，有厚度的筆記本，打開放在桌子上的時候，頁面的裝訂口附近就會彎曲，有點難寫字。於是一些款式

◆一家老牌的筆記本，給懷古設計添加現代女生「可愛」感覺，大受歡迎。

改良了裝訂方法，防止彎曲，以方便使用。

另外，還有頁面上的線條有「點」的筆記本。比如說，每條線上加了間隔相等的小小圓點，使用者可以將此作為目標來對齊字行開頭、不用尺就能畫比較正確的圖形、或者容易設置「標題」的欄目。還有在一些款式中，每條線之間畫了幾行點線，以便做出行間空間、又能讓每個字的大小大致相同。這些點子都為的是讓筆記內容比較好看。

也有一些意想不到的發展，即頁面上斜著印刷線條的。這並不是為了擺樣子做的，而是為了因應一些人寫字的習慣：要橫行寫字的時候，把筆記本歪著放。這樣就會比較符合胳膊的移動方向，總之這款筆記本是按照人體機制而研製的。但我不知道，這個款式實際上是否好用。

另外，有個款式在筆記本的切口部分有奇特設計——

◆把切口切成斜角的款式。聲稱易於翻到目標頁面。

◆在尺寸上寬度窄點的一款。廠商聲稱，可以活用整個頁面，一看就能看遍頁面全體，還有易於手持。

斜著剪裁了。據說這樣就容易翻，很快找到目的頁面。還有一個款式可以撕下頁面邊的一部分，當作索引標籤。這些點子愈來愈多，真令人難以想像研發者有多麼辛苦了。

逛街時都要筆記

每當我出門的時候，都會帶一本小筆記本。因為逛街的時候很常會想出一些好主意，還有邊走邊想比較容易整理自己的想法。這些思考片段想出來了就要當場寫下來，否則會立刻忘掉。好像最近有愈來愈多的人有同樣的想法，文具店賣著多彩多姿的小筆記本。我看這些事情的背景應該是，很多企業要求每個職員培養創意思維來提高競爭力。這種「創意」是光坐在辦公室很久也無法到手的，透過在外頭看到有趣的東西或跟別人聊天才能培養。

但即便在街頭想出厲害點子，也未必能找到張桌子放本子寫。因此，可以「站著寫」的筆記本受到不少青

◆因應了一些人寫字習性的款式。一款有斜線條，另一款翻開時頁面成扇子形。

睞。例如有一款筆記本，封面用硬紙板，還有厚度比較薄，以便站著寫上細小文字或詳細記錄。它原本是為了測量、實地調查等室外工作用，已上市了五十多年。直到最近，流行雜貨店也開始銷售它，可以想見為的是應付一般人的需求。

另一個最近新出的款式採用了較特別的尺寸，即A4三分之一的細長形狀。廠商稱，這款式是考量到便於攜帶以及幾個實用條件而研發出來的，像是具有足夠的寫入空間、可放到西服口袋裡、只用一隻手也能拿、可貼疊A4文件紙張等等。

這麼一說，最近我看了一個電視節目，它讓藝人花一個星期體驗自己希望做的工作。我看的那一集是讓一個演員在一家著名文具廠商工作，研發新款筆記本。他想出的是封面紙具有筆夾的一款，這豈不是很能呼應最近攜帶型筆記工具的人氣嗎？

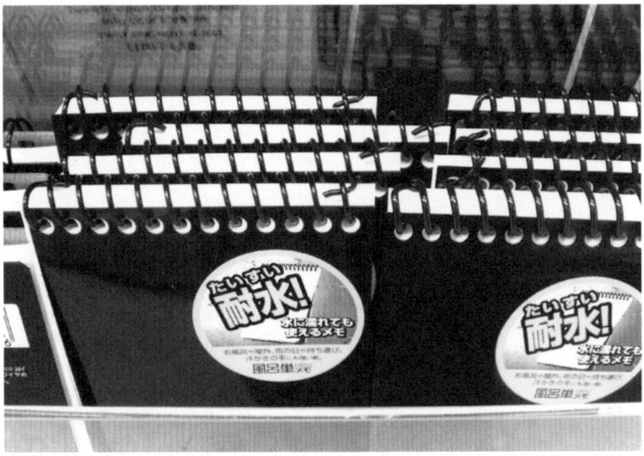

◆這款小筆記本是「供浴室使用」。用耐水紙，還有扣環用塑料避免生鏽。

另外，最近居然還出了用耐水紙製成的筆記本，以便泡在浴缸裡使用。看到這些產品就聯想到，現代人可能天天受到「要想點子」、「想出來就要馬上寫下來」的這些壓力。

手寫＋數位技術

與此同時，筆記本的數位化也進行著。在二〇一一年左右上市了一款小筆記本，是便於用智能手機拍下筆記內容保存的。在這段時期，也問世了所謂數位筆記本，是用觸控筆在液晶螢幕寫字的。這些文具還在發展中，有很多廠商嘗試了各式各樣的功能。目前很多款式採用的功能有：可變描線粗度、寫下內容作為圖片格式儲存在ＰＣ或智能手機等等。

在辦公室裡，「手寫」也開始被重視了。尤其在設計、企畫等創意工作，基本構思和很多點子往往會從手寫作業產生出來。這些作業可不能用鍵盤和滑鼠代替。在要寫提案書或文章的時候，手寫作業會起到很大作用。例如，首先在紙上寫下主意、點子的項目，然後用線和箭頭、圓圈、矩形等圖形，結合、分類、整理這些項目，釐出條理。這些作業要是始終使用文書處理軟體做的話，常會覺得思考的自由性從腦袋漏出去，不是嗎？

最近常聽說一個看法，就是手寫作業能活絡頭腦。一些廠商就趁勢研發了「數位筆」、「智能筆」

之類，就是能記憶用筆寫、畫的軌跡，作為圖片儲存在電腦上的工具。這些可謂是結合了手寫的腦袋活絡作用和ＩＴ的易用性之產品。

看來，最近智能手機、平板電腦的功能好像比較重視手寫功能，由此可見，「手」就是與思考最密切聯繫的輸出裝置，這個地位暫且不會受到威脅吧。還有，紙就是與手寫作業最適合的媒體——這一事實也不容易改變。所以，文具市場今後想必也會持續盛況吧。

◆液晶式電子筆記本也發展著各式功能：儲存空間大的、寫感滑溜的、裝有日曆和預定表的、可以連結到電腦的等等。

◆這款鋼筆可以把寫的內容無線發送到PC和智慧手機，以圖片形式儲存。

加拉巴哥文具
——構思過火帶來進化

日本「加拉巴哥化」現象

「加拉巴哥」是位於南美大陸海上的一個群島。它們知名於其生態環境處於孤立，動植物就獨自進化。在近年，這一名詞指稱為日本一個文化現象，即日本一些產品和服務過於適合日本人特性而獨自發展，反倒太脫離國際標準。

一個典型例子是手機。智慧手機尚未出現之前，日本的功能型手機許多功能和服務就十分發達，像是電視收看、電子結算、線上遊戲等等。但它們都不適合國際標準的通訊格式，很多線上服務僅限於日本國內提供，還有價格太貴。因此得不到國外用戶的支持，只好在日本國內銷售。現在，這些手機被稱為「ガラパゴス携帯」（加拉巴哥手機），也有了「ガラケー」這個暱稱。

其實ガラケー與智慧手機相比，仍保留了許多優點。像是通訊費用少、易撥號、低耗電、也具有簡易的上網功能。所以不少人還不換智慧手機，或者同時使用兩種，用ガラケー打電話，用智慧手機上網。

日本文具就是獨自進化的實庫

很多人提到「加拉巴哥化」的時候，都慨嘆日本的產業落後於國際潮流的情況。但換個角度來看，被看作「加拉巴哥」的事物也算是凝聚了日本的文化和民族性的特點，仔細看來還挺有趣。

例如，日本的文具便是此中之一。

日本人很喜歡文具。它們是總在身邊，天天不倦於工作的小東西，我推測不少日本人覺得它很像寵物。無論如何，日本文具廠商很熱情地講究、發展產品功能和設計，年年推出很多進化款式。我已經在其他章節介紹了「書寫用具」和「筆記本」，所以在此要介紹一些其他種類文具的進化情況。

橡皮擦

日本橡皮擦當中，最有人氣的是TOMBOW鉛筆公司的「MONO」橡皮擦。它因擦字性能高，國內市占率保持五成。它最近出了一款新產品，就是烏黑色的橡皮擦。據說，其開發理由是因為最近一些中學生對橡皮擦有一種不滿，就是「白的橡皮擦，擦了字被弄髒」。我很驚訝最近孩子們這麼愛乾淨，而廠商又這麼敏感。

還有一款知名的橡皮擦，叫「KADOKESHI」。它有非常奇特的形狀，像交錯連接了一公分見方方塊般的凹凸形。據說這個設計為的是在一個橡皮擦上形成儘量多的稜角，讓使用者可以有更多「用稜角擦字」的快感。聽說，這款被選為美國MoMA（現代藝術博物館）的收藏品，但遺憾的是不像MONO擦得乾淨。我猜測這是因為，這個形狀很容易裂開，選定材料時優先了強度，在擦字性能上就有所妥協了。

說到「容易裂開」，有一家廠商對此想出了一個點子來對付。此產品的特點不在於橡皮擦材料而在於紙套設計，因為，裂開的大多原因就是擦的時候，紙套的邊緣割傷橡皮擦。於是此產品把紙套的邊做成弧形（故此品名為「Arch」），為的是減輕對橡皮擦施加的壓力。我不明白有多少人會介意橡皮擦會否裂開，但廠商聲稱，學生應考中橡皮擦忽然斷掉，就會影響集中力。

其他也有很多奇特款式橡皮擦上市，例如，對應著鉛筆濃度而準備三種產品的橡皮擦品牌，還有在一個橡皮擦上做了五個不一樣寬度的帶子形狀，讓使用者可以只擦筆記本上的一行文字。這些都是關注到非常細微的使用感而開發的。

迷你剪刀

好像有不少人在筆袋裡放小型剪刀隨身攜帶。但一般的小型剪刀不太好用，例如握柄做成沒有圓環的杆子形，不適合細密的作業；或是刀鋒太短，剪紙效率很低等等。其實，很多使用者對此比較大方，便於攜帶了就可以忍受一些不方便。但日本廠商硬是要嘗試解決這個問題。

KOKUYO公司推出的迷你剪刀「HOSOMI」設計很有特點，左右握柄的長度差很多，使大拇指用的圓環傾斜了些，致使握感舒適、穩定。還有刀刃長到六公分，與一般文具剪刀差不多，提高剪紙效率。這些講究使得剪刀外表長得相當奇特，令人聯想到加拉巴哥群島的生物。據說這款剪刀不宜剪厚紙，但好像有一定程度的方便性。

另外，專為滿足剪貼報紙、雜誌的需求，有款剪刀具有二十二公分的長刃，與A４紙張短邊大約一樣。剪刀

◆迷你剪刀也有許多變種，像是筆形、可以當作手機鏈的超小型等等。

◆文中介紹的4種橡皮擦。「橡皮擦是白色方塊」已經不是常識。

全身有三十五公分，長到這個地步，可想像會有點沉，不太好用。但這款產品刀身相當輕，握柄相反地沉了些，致使重心接近了手邊，以便運用。

順便介紹一下，日本事務剪刀幾年前曾經過一個進化。雖然外表差不多，但有個媒體稱之為「隔了三千年之後的剪刀進化！」據說，進化的是刀刃形狀。本來一般剪刀都有直線刀刃（原來如此，我從來沒有意識到），但二〇一二年問世的新款，刀刃形成平緩的弧線。廠商聲稱，這個設計的剪刀開到任何角度，兩把刀刃都保持三十度，就是最適合剪紙的角度。所以，向來難以剪的厚紙、塑料瓶、布條，用它都可以輕鬆剪斷。看來這款設計相當受歡迎，一家廠商出了第一款後，其他大廠商也立刻出了類似產品。

黏貼帶

雖說進入了ＩＣＴ時代，但紙張文件不見得太少，所以紙用黏膠也少不了。這方面的最新進化應該是黏貼帶，就是在幾公分大的塑料盒子裡裝了塗有黏膠的薄膜帶。將此壓在紙張滑行，帶子上的黏膠就轉到紙上，不弄髒手指就可以進行塗黏。

據悉，這個黏貼帶在日本開始普及後只過十年，黏膠的功能就因應著多樣需求，做到多方面的進化。有的就連薄木板和壓克力板都可以黏住；有的像便利貼一樣可以重複貼撕；有的稱是「海報用」，黏著力頗強，撕下也不留痕跡。還有的用法很像印章，蓋在紙上就可以塗上一公分見方的黏膠，易於貼照片、收據等小紙張。

其中我特別感受到日本風格的就是，「貼錯了也可以剝下，重貼」的黏貼帶。它貼上後一分鐘以內，可以容易剝下，不留痕跡。貼後放置六個小時，黏膠就完全固化，不能剝去了。據說，這個產品也是響應中學生的需求所研發。他們天天在學校得到學習資料，被老師吩咐將此貼在筆記本上。而他們很多要「筆直地」貼，有了偏斜就要重做。

無針釘書機

這幾年間，無針釘書機在日本非常普及了。以前也有幾種款式，但操作相當費力，且只能釘住兩、三張紙，所以幾乎沒有引起注目。在二〇一〇年，一家日本文具廠

◆這幾年來，無針釘書機在大小、釘紙張數等方面做到了許多進化。

◆黏貼帶的變種也愈來愈多。可以推測，每個款式的目的對象都不一樣。

商研發了輕輕握住就能釘上四、五張的款式，主要在食品廠商和環保意識高的企業受到歡迎。此後就開始了劇烈的開發競爭，過了兩年就進化到用一隻手能釘十張，同時逐漸遍及到很多企業。

話說，這些工具的釘書機制是利用紙張一部分做成小帶子打個結，免不了文件角落會被打個小孔。有不少人不喜歡這個機制，一直盼望有改善版本。在二〇一四年上市了滿足這個需求的款式，是沖壓紙張做成凹凸形狀，使相互咬住來釘的。目前這個款式只能釘五張紙，但可能不久後會出現能釘十張的款式。

順便介紹一下，這些無針釘書機的研發競爭也促進了傳統式釘書機的進化。它們為了生存，開始研發無針版本無法做到的功能，如今出現了只用從前一半力氣就可以操作的、只用一隻手就可以釘住八十張紙的、可以裝上比傳統款式三倍多的釘子等款式。這些經過也令人聯想到生物的進化現象吧？

裝飾用文具

我不知道下面這些產品是否可以看作「文具」，但它們都在文具店或者雜貨店的文具賣場銷售，所以暫且加入這個章節。

「紙膠帶」原本是一種在美術、建設領域常用的製作補助工具，用於繪畫、彩繪家具或油漆房屋時，貼在不願意噴墨，塗色的地方，避免顏料外溢。幾年前，一家工業用紙膠帶廠商響應一些女性消費者的需求，上市了一些彩色、花色款式就立即走紅，成了很多女生對筆記本、禮品包裝、室內裝潢等「裝飾」愛好不可缺少的一種工具。

有家文具廠商趁此熱潮，移用自家修正帶產品的機構開發了一種裝飾用品，是紙張上可以印上種種花色帶子（中文叫做「花邊帶」）。這也受到很多年輕女生的關注和歡迎。這些「裝飾」文具算是一群新來的文具群，種類還不多，但可以期待今後會有相當有趣的進化。

◆花色紙膠帶的用途非常廣泛，除了照相簿、筆記本等文具之外，也有紙袋、禮品包裝，還有軟木留言板、畫框等室內裝飾品。

「忖度」文化與加拉巴哥產品

上面介紹的例子都是，日本文具廠商貪得無厭地探索用戶潛在、顯在需求的成果。但對一些產品來說，講究顯得太過分了，有點像偏執狂。究竟是什麼驅使他們做到這些地步？

我看，在日本社會上扎根的「忖度」心理可能是一個關鍵。

據說，中文也有「忖度」一詞，意指推測。日文「忖度」也有大致相同的意思，但用法更有限制，就指「推測對方不形於色的心情、看法」。尤其在帶有上下級關係的人際關係上，這個詞就代表一個獨特的行動原理，就是「晚輩要避免直接詢問尊長的意思（因為這會被看作失禮），自行推測，做誰都沒有要求的事情」。這幾年來，「忖度」常見於政治、財經報導上，被看作是日本社會很多矛盾的一個原因。

我看，這些「忖度」作用也在一些廠商的產品企畫上充分發揮，因為，如我本書開頭寫的：「顧客就是神」。當然，也有很多產品透過詳細的調查、嚴密的分析才開發上市。但能推測，一些產品大概是由於對一部分消費者的過分要求的過度反應、或者構思太過火，而被研發出來的。

但，事物都有負面與正面。「忖度」這個做法時而讓產品具備誰都意想不到的特點，獲得熱烈粉絲的支持。我看，前面提到的產品大概是「忖度」的正面作用所致的。

現在，市場調查的手法更加周到了，加上這幾年來，很多廠商以全球推銷為前提開發產品，還有大數據技術發展讓廠商更能精確地掌握到大眾需求，所以估計今後那些加拉巴哥產品會愈來愈少。因此，日本產業的生產性會提高些，但我們在賣場驚訝的機會會少些。

◆裝飾用文具除了文中所介紹的東西之外，也有貼紙、圖章等很多種類。

◆「花邊帶」廠商又推出了一款新貨，是書寫在筆記本上的文字可以做花色標記。

鼓勵應考生產品
——讓諧音表達願望

五角形鉛筆代表著什麼？

接近女兒高中考試的某天，我去銀行繳納應考費。交完錢，要領取收據的時候，服務員遞給我一袋用細長袋子裝著的小贈品，我馬上猜到應該是鉛筆或者自動鉛筆之類。回家打開袋子，果然裝有兩支鉛筆，上面刻有「合格祈願（祈願及格）」，桿身還特別做成五邊形。

這個五邊形桿身其實是根據雙關語來做的。「五邊形」在日文寫成「五角形」，發音是「gokaku kei」。還有「及格」的日文是「合格」，念成「gōkaku」。總之，「五角」和「合格」發音非常相似，可以當成雙關語。更詳細來說，「五（go）」和「合（gō）」母音的長度是不一樣的，但這種微小的差別可以忽視。

聽說中文有很多「年年有魚」之類的吉祥諧音。日文也有這種文化，相當扎根於生活裡。而近年，供應考生用物品方面引進吉祥諧音概念研發產品，十分受到注目。

用諧音鼓勵應考生

在六〇到八〇年代，日本流行過「受験戦争（應考戰爭）」這個詞。早在這些時期，應考就成了學校生活的一大目的，當時就存在與應考相關的吉祥諧音遊戲。著名的例子是，應考的前一天考生母親會做炸豬排。這個菜並不是為營養方面而做的，而是由於炸豬排日文叫做「トンカツ（ton katsu）」，可以縮稱為「カツ（katsu）」，就與「勝つ（katsu／贏）」一詞作諧音。

以上面的「五角＝合格」例子來說，在臨近入學考試的時期，一些文具店和雜貨店會推出做成五角形的鉛筆和橡皮擦，還有一些神社也銷售正五邊形的「繪馬」（日

◆（左）一般繪馬，上面寫身體健康、工作順利等祈願，向神社奉獻。（右）祈禱「考及格學校」專用的正五邊形繪馬。

◆切面做成五邊形的「祈願及格」鉛筆。

本神社供參拜者祈願的工具之一。是小木板，上面寫祈願，掛在專用架子上）。

其實很多繪馬原本是五邊形，但大多是長方形上邊凸出的房子形。這樣一般人不會認為它是「五邊形」，才特別採用了正五邊形吧。

也有引進了更複雜諧音的產品。例如，章魚形布娃娃作為給應考生的禮物非常受歡迎。「章魚」用日文叫「たこ（tako）」，但其實這個詞與應考沒有關係。來源是英文的「octopus」的日文寫法「オクトパス（okutopasu）」，這條字串可以分為「オク（oku／放）」、「ト（to／~的話）」、「パス（pass／考及格）」。按照日文語法，可以解釋成「（將它）放在近處你就會及格」。

另外，名古屋市動物園在應考季節，會分發他們原創的紙製「及格護符」給考生。聽說，這個護符原料的紙，居然摻有此園所飼養的無尾熊糞便（當然消毒過）。

其實，這款無尾熊糞護符包含兩個諧音。一是從無尾熊的生態來的，就是牠幾乎整天都待在樹上睡覺，而不會落下。「不會落下」就是一個關鍵。在日文，「考不及格」就用「落ちる（落下）」一詞表達，所以「不會落下」對應考生是一個好運氣的說法。

另一個關鍵當然是糞便。日文有幾個詞可以表達「糞便」，「うんこ（unko）」即其中之一。而其「うん」的部分與日文「運氣」同音，總之，拿了這款護符就是「到手了『不會落榜』的『運氣』」（笑）。

「考及格零食」的發展

這種有關應考的吉祥諧音產品，好像從二〇〇〇年代就逐漸紅起來了。而現在，零食業界在此看到商機。

有一款四十年來一直受歡迎的日本古典零食，名叫「カール（Kāru）」。這個名稱原本是從其捲起來的形狀（curl）而來，這幾年來，在應考季節就出售其變形名稱版本，就是「ウカール（U-kāru）」。這是很簡單的諧音，在日文口語，「考及格」可以用「受かる（ukaru）」一詞表達。（哎呀，這個章節裡要解釋的詞彙太多，請大家耐心一點！）

◆臨於入學考試的一月到二月，很多超市特別設置「加油應考生」零食的專賣架。

◆章魚布娃娃作為給應考生的禮物很受歡迎。

舉另一個著名例子。「Kit Kat」巧克力自來就是在日本頗有人氣的零食，而約從十年前起出現了其「祈願及格」版本，就更紅了。因為它名稱日文發音「きっとかっと」很像「きっと勝つ（一定會贏得）」。

其他也有很多例子，像是「Toppo」的應考版本「Toppa」（就是從「突破」的日文發音來的），把「Caramel Corn」改成「Canael Corn」（為的是接近日文「かなえる／讓願望實現」的發音）等等。還有知名零食樂天小熊餅乾（コアラのマーチ）也有應考版本，但這沒有改變名稱，只是在包裝引用上面介紹的「無尾熊不會從樹上落下」。

這些應考零食也在包裝設計有講究。例如，一些產品包裝配櫻花圖案。在日本，櫻花盛開的四月是學校入學的季節，因此它被視為「成功應考」的象徵。還有，有的在包裝上備有小筆記欄，讓顧客可以寫鼓勵考生的口信，

◆「Toppo」的應試版本「Toppa（突破）」。「カール」的應試版本「ウカール」。

像是「加油」、「拼盡全力」等，然後遞給考生。

傳統文化與網路的聯繫

本文開頭說，日本自古就有吉祥諧音的文化。但這種應考諧音產品，是到這十幾年來才多起來的。為什麼呢？

據我的印象，這種產品曾在二〇〇〇年代中期受到關注，此後發展趨勢微弱了些，但到二〇一〇年前後又再次紅起來。這些起伏要與日本動向對應起來，前期大致符合網誌的火爆流行；後期就相當於推特、臉書等SN

◆印櫻花圖案，配上鼓勵口信欄的「KitKat」巧克力。。

◆應試版本「樂天小熊餅」包裝是紅色和白色，這是用於「祝賀」的配色。

S急劇普及的時期。

喜愛網誌、SNS的人，都經常尋找值得介紹給網友的有趣話題。從這個角度而言，包括諧音梗的話題能夠受到廣泛網友的關注，算很有價值。

諧音梗，只要是母語者，無論是屬於什麼族群的人都能理解、欣賞（雖然也有人討厭這種梗），也容易口耳相傳。還有，應考也是現代日本人都經歷過的事情。所以，「諧音應考吉祥品」的話題最適合於網上分享，不用解釋就能引起大家的了解和共鳴，還能逗笑大家。再說，這些話題在網上和媒體上流傳，就讓應考生和他們家族有一種連帶感，他們就會感覺自己並非孤獨的。

親子之間的想法隔閡

可以推測，日本應考環境演變也是一個重要因素。

◆一些零食、飲料添加了多酚、葡萄糖、GABA等營養成分。

首先，隨著日本少子化，應考生的人數趨於減少，因此應考競爭有所放鬆了。加上，這些年來的景氣低落使得家庭經濟緊縮，讓父母考慮避免送子弟進費用高的私立學校，就是降低些學力等級，也寧願選擇「比較容易進」的公立學校。所以我推測，學生們對入學考試的印象不像幾十年前那麼激烈了，隨之也產生了欣賞些諧音梗的餘地。

但，考生父母的心情不會完全一樣吧。因為，以貧富差距擴大為背景，很多人愈來愈深刻地意識到學歷高低會影響到未來收入高低。所以很多父母親希望儘量把孩子送進教育環境好的學校，自然自己的責任感也要大些。

聽說，最近除了零食之外，晚飯和宵夜材料的「應考版本」也多了些，比如冷凍食品、速成食品、杯麵等等。還有零食、飲料方面加入了支援應試學習的功能產品，像是添加了葡萄糖的巧克力、多了多酚或咖啡因的紅茶等等。這樣已不算是遊玩心什麼的，而是如實代表著擔心孩子未來的父母心情，不是嗎？

◆杯麵也出現了用櫻花圖點綴包裝的應考版本。

成人用

大人才懂的奧妙滋味

成年用動漫產品
——與那個角色白頭偕老

動漫和日本人

日本的動漫文化，為什麼這麼高度發展？

有一種說法認為，日本人古來有創造、欣賞漫畫的素養。其中一個憑證是，日本早在十二、十三世紀就出現了漫畫的原型，是用兔子、青蛙等常見的動物，以擬人化的方式描寫當時日本社會的「鳥獸戲畫」。但我認為，當今日本動漫文化發展的主要原因在於這半個世紀來的日本社會情況，就是經濟發展、大眾媒體發展、核心家庭增加、少子化等趨勢融合起來，給動漫文化提供了最佳土壤。

半個世紀前，日本正走在高度經濟成長的道路。上班族已經相當多，女人也開始作為企業辦事員或者商店臨時工去工作，故孩子們放學回家也沒有母親照顧他們。

如果孩子有兄弟姊妹就可以和他們一起玩，但一般來說，雙薪家庭就不可能有很多孩子，至多有兩個。於是在這些時代，傾向兒童的電視節目和漫畫雜誌迅速地發展起來，有關玩具也陸續上市，變成小孩的好遊伴了。他們天天著迷於這些新式視覺娛樂，後來就形成了日本最早期「OTAKU（御宅）」族群。隨著他們的成長，動漫作品也逐漸演變，打破了兒童娛樂的框框。尤其是八〇年代以後，愈來愈多作品開始具有高度戲劇性、美術性等因素，獲得青年人的鑑賞。

而現在，很多過去熱門動漫作品再次出現我們面前。重製版本不用多說，值得注目的是「代言人」化，就是很多產品、品牌開始起用往年動漫作品的主要角色來製作包裝和廣告設計了。

◆漫畫文化也已經滲入街道設計，一些人孔蓋都有漫畫。

源氏物語絵巻（東屋）「源氏物語」を絵巻物にしたもので，引目鉤鼻・吹抜屋台が特色。（部分）
鳥獣戯画（伝鳥羽僧正筆）かえる・うさぎなどの動物を擬人化し，貴族・僧侶の社会を風刺している。（部分）

◆十二、十三世紀製作的日本著名文物《鳥獸戲畫》

用角色表達產品概念

例如，前不久看到一系列罐裝飲料，罐子上面印有懷古的變身英雄。把動畫、特攝片作為角色的少兒零食、飲料並不罕見，但這些飲料的角色是在七〇年代風靡一世的第一代「奧特曼」和「假面騎士」一號。總而言之，這些產品都是為七〇年代的小孩們，也就是現今的中年人推出的。

我看，上述例子的目的大概是要用知名角色提高產品的印象度。但也有更進一步的創意，就是要用動漫角色有效地表現產品概念。

最近一個代表性例子是，飲料廠商KIRIN於二〇一二年上市的「Mets COLA」的廣告創意。此產品特點是加了以往可樂飲料沒有的瘦身成分（在〈碳酸復興〉曾提到產品詳情），而上市廣告就起用了知名漫畫《あしたのジョ

◆「奧特曼」兄弟也當作成年人娛樂小鋼珠的角色了。

◆KIRIN「Mets COLA」起用名作漫畫《明日之丈》代言，銷售火紅。

ー》（明日之丈，在台灣稱為《小拳王》）的角色。這部作品自一九六八年至一九七三年在一本少年漫畫雜誌連載，以一個具有拳擊素養天資的流浪少年為主角，得到當時小孩以及青年的熱烈支持。而此飲料著眼於這部作品曾描寫到拳擊手在比賽之前都要厲行減重的事情，用此訴求產品具有防止吸收脂肪的功能，吸引到青年、中年男人的關注，在上市當年即賣了一億三千萬瓶。

此外，住宅廠商DAIWA HOUSE在其出租公寓品牌的廣告，起用了《假面騎士》系列最初期的七個主角（都是七〇年代前半播放），訴求他們提供的房屋具有「匹敵複數假面騎士」的安全防範功能。

另外，名叫「夏亞專用×××」的一系列產品這幾年來受過注目。這不像一般所說的系列產品，是由很多企業根據一個動畫角色的形象所推出的一些產品。

◆手塚治虫、藤子不二雄等日本漫畫文化鼻祖的作品很常作為成年用產品的代言角色，這是彩票、減肥烏龍茶的廣告。

「夏亞」是什麼？這指的是在一九七九年播送，讓當時少年們入迷的動畫劇《機動戰士ガンダム（鋼彈）》中的反派英雄——夏亞·阿茲納布爾。他身穿鮮豔紅色軍服，搭乘紅色的巨大機器人兵器ZAKU（稱作「夏亞專用ZAKU」），發揮出眾的戰鬥能力。另外，他時而說出的虛無主義名言，也抓住當時少年們的心。他的人氣過了三十年也不失色，當時的粉絲到現在仍喜歡他。

因此，這幾年來有很多廠商引入了「夏亞專用ZAKU」的形象來研發自家產品的變種，吸引三十幾到四十幾歲男人的興趣，例如打火機、旅行箱、修剪組合、高爾夫球包等等。此中最著名的例子應該是豐田汽車所推出的小型車AURIS的「夏亞專用」版本。

少女漫畫幫助健美

有一部古典少女漫畫作為女用產品代言人十分搶

◆現在超過四十歲的女性迷上的《凡爾賽玫瑰》的活躍領域很廣泛，如化妝品、服裝、衛生用品等等。

手，就是取材於法國大革命的《ベルサイユのばら（凡爾賽玫瑰）》。這部作品於一九七二年發表，稍後知名全女劇團「寶塚歌劇團」發表了翻版音樂劇，由此馳名於世。它給日本少女漫畫帶來很大影響，當時沉迷於它的很多少女，儘管長大了也一直對它保有熱情。

《凡爾賽玫瑰》好像與健美產品的親和性較高，現在有銷售在包裝配上主角奧斯卡、瑪麗·安東妮德王后等主要女角的化妝品、假睫毛、膠原飲料等。聽說這些產品並非只靠作品人氣而暢銷，質量也相當不錯，有些產品在一些化妝品媒體排行榜還得到高位。

還有，在同一時代受到歡迎的運動漫畫有《エースをねらえ！（網球甜心）》，一家食品商採用其角色上市了日式火鍋湯底。我看到的有兩種，一種是富有膠原蛋白（被視為有益於肌膚美容）的白湯湯底，另一種則是辣椒（據說對燃燒脂肪有效）湯底。這些都是三到四份，但與

◆《網球甜心》的火鍋湯底。

◆《凡爾賽玫瑰》的面膜。

其說供家庭晚餐，不如說是供幾個單身女人共同舉辦的「女子會」用的吧。

有益於世代別行銷

這些方法從廣告訴求的觀點來說，算是相當有效。這些作品的情節和角色，已經廣為多人所知，不用重新介紹。所以廣告主可以假托角色特點有效地傳達產品的概念和特點，容易得到共鳴。再說，這些作品對特定世代的人們留下了特別深刻的印象，所以比較容易做到限定目的對象的訴求。

還有一個看法認為，受特定世代長期支持的動漫作品，在他們生活、行動方式帶來了不少影響。所以，動漫作品也是要了解目的對象的一種好材料。

最近看到一位經營顧問投稿報紙，論述「鋼彈世代

◆《ONE PIECE》受到現為三十歲上下的人熱烈歡迎，可謂是對他們影響力最大的作品之一。

◆一些往年紅過的零食品牌策畫藉著當時熱門角色的名氣，復興一下。

（約為六○年代生的人）」和「ONE PIECE世代（約為八○年代生的人）」的差別。他說，「鋼彈世代」雖然已經看到企業和社會開始有了破綻，卻是最重視維持自己所屬組織的。對此，「ONE PIECE世代」最重視他們的自由和與工作單位無關的朋友。他還說，因為兩者的想法和行動之間有矛盾，不久後會發生反抗和對立。

目前我還不知道他這個看法是否妥當，但相信出色的動漫作品是好好參考某個世代的心理和行動方式而創作出來的，因此能給讀者、觀眾留下深刻影響。如今日本社會幾乎被動漫世代覆蓋了，動漫可是領會日本社會的有益工具，亦是與日本社會溝通的重要介面。

◆《ひらけ！ポンキッキ（開吧！Ponkikki）》是七○到八○年代很熱門的兒童節目，現在居然成了美體沙龍的代言角色。

成年用小甜食
——為身體好，也為人際關係好

甜食已不是專門給小孩吃的

最近看到一款熱門兒童零食產品出了「大人版本」的廣告，其中日本偶像集團「嵐（ARASHI）」成員松本潤扮演小飛俠彼得潘，哀嘆地說出下面句子：

まさか、大人になるとはな。

〔沒想到我會變成大人〕

——明治巧克力餅乾「大人的蘑菇之山」廣告（二〇一三年九月）

沒有人相信自己永遠不會長大，但現在有愈來愈多人，成年了也一直抱持著少年時代的氣氛和生活方式，包括「食」在內。現在五十幾歲以下的日本人，從小就一直享受糖果糕點之類，自然培養起喜好甜食的感覺和飲食習慣。這幾年來，媒體很常介紹多姿多彩的高級甜點，也捧紅幾位著名西點師傅。這些現象的原因之一，必是「甜食原生代（sweets natives）」的高年齡化。

但我在此要提到的不是高級甜品，而是更大眾化一點的甜食。如上面提到的「大人的蘑菇之山」一樣，現在很多製菓業者開始研製專供大人的甜食。

如今，在辦公室很常看到職員在工作空閒或者邊工作邊吃巧克力、糖果、冰淇淋等等。他們在這些時候選擇的不是手工精緻的高級蛋糕，而是工廠大量生產、用塑料袋或小紙盒包裝以便攜帶，在超商廉價供給的糖果糕點。而他們要買這些產品的心情並不與小時候一樣，是根據大人才有的需求買的。

◆巧克力是一種吸引許多大人的甜品之一，因此也有很多「健美」版本。圖片上邊是含有減肥成分的，下邊是增加了可可多酚的。

◆「森永巧克力球」是五十年間一直受到孩子歡迎的老零食品牌，現在也推出了用高級原料製的「大人版本」。

大人才能享受的高深味道

首先，對風味質量的需求就不一樣。很多成人消費者要更複雜、更高深的味道。

舉一個例子。有一款冰淇淋，其廣告起用一位四十幾歲的女演員，讓她說：「這冰淇淋材料質量多好，孩子們不會感覺到」。這個說法不是光說不練，據其官方網站可知，製造方面有好多講究，如採用了高品質原料，用特殊技術濃縮牛奶做到濃厚的味道；分解牛奶所包含的乳糖來提高甜味，並抑制蔗糖使用量；冰淇淋當中的顆粒儘量做小以創造順溜的口感等等。

另外，巧克力為了講究大人味道而獨自發展，像是特別強調可可豆的風味和苦味，有的添加抹茶、樹莓等其他材料以達到一些複雜風味，還有模仿一些高級蛋糕的味

◆冰淇淋「GRAN」在廣告起用了年過四十的女演員，來強調大人專屬的味道。

道和口感，來滿足成人消費者的需求。

對應上班族的需求

另一些甜食就訴求了不一樣的賣點，就是能在工作時間補給能量。

働くおとなの夕方スイーツ。

〔供工作大人的傍晚甜品〕

——LOTTE巧克力餅乾「極上比率」廣告（二〇一二年十一月）

「吃甜的就能緩解身心疲勞」這個常識向來是眾人所知的，如今則有許多人多了一個現代知識，就是「葡萄糖是大腦的唯一營養來源」。尤其是從事腦力勞動的白領上班族，很多人培養了在休息時間吃些甜食的習慣。一些零食商將此視為商機，開始了新式零食行銷，就是讓售貨

◆在都心商業區時可看見零食商女銷售員推著手推車，訪問辦公室銷售小甜食。

員（很多是中年女人）推著手推車型小貨箱，巡遊商業區，向每家企業的職員推銷產品。

還有，很多廠商趁多年持續的健康熱，引入一些熱門保健成分。例如，稱「能去掉體內活性氧類」的多酚，「能減少腸內壞細菌」的膳食纖維，「能給神經帶來好影響」的某種氨基酸等等。順便一提，我老婆也經常買一種健康系甜品，是「多加了鐵、鈣、膠原質」的威化餅乾。本來，這個動向是從一般食品衍生過來的，現在食品業界指含保健成分的食品為「功能性食品」，按此作法，這些甜品就應該叫做「功能性甜食」吧。

甜食是一個溝通工具

其實，甜食也能起到一個重要的作用，就是人際溝通。

「ありがとう」
照れくさい言葉のかわりに
ひと粒のカンロ飴

（「謝謝了！」說起來有點害羞，那麼給他一粒KANRO AME來代替）

——「KANRO AME（日本知名糖果老牌之一）」廣告（二〇一二年～）

Share Happiness! Pocky
～分かち合うって、いいね！～
（分享，多麼好！）
人と人の間にポッキーがあることで、
会話のきっかけになる、ちょっと関係がよくなる、気持ちがつながる、
お互いに幸せな気分になれる。
それがポッキーの望むこと。（後略）
（人和人之間有了「百奇」，
就能開始對話，彼此關係更加溫，情意連結起來，
大家都感到幸福。
這就是「百奇」所希望的）

——固力果「百奇」網絡廣告（二〇一三年～）

當我們受了朋友、同事幫忙的時候，或者看到他們忙碌、傷心的時候，時而會用一些糖果或巧克力來表達感

◆一些小甜食品牌以上班族作為訴求對象，文案使用像是「會議」之類的關鍵詞，還讓代言人扮演白領。

謝、鼓勵等心意。例如，在便利貼上留言，跟這些小甜食一起放在他的桌子上。要給別人傳達小心意的時候，甜食發揮的效果倒是很大。

乍看之下，這種行為顯得很像女孩，但其實我在公司上班的時候也做過這種事。辦公室畢竟是外人的集團，所以這種人際關懷愈多愈好。實際上，好像有很多人活用這種溝通小招。有一個證據，日本銷售的熱門巧克力「奇巧（Kit Kat）」、「百奇（Pocky）」等系列當中有「溝通用」版本，就是包裝上印刷了留言空間。

看來，日本人好像有個特點，就是不太善於向對方直接說出自己的心情。古來，日本往往用禮物來傳達心意，例如每逢中元節和年末，送禮給熟人、上司、工作夥伴等。這些習

◆熱門零食「百奇」與即時通訊軟體「LINE」合作，推出了「留言」版本。包裝上產品圖片較小，而正前方則做了很大的留言空間。

俗常常被批評是「虛禮」，但現在也有不少人固守。我看，這些定期送禮的行為應該有某種效果，就是把平常的來往定期換成物質性價值，以便雙方都理解。

現代日本的年輕人好像不太喜歡這種應酬了，很多人以當場致意了事。但心理上還會有一種「假托東西表心意」的感覺吧。可是，鄭重其事的禮物交換有點不適合，還會擔憂可能發生一些新的借貸關係。但用小甜食的話，可以不用這些既複雜又麻煩的應酬，也能比較輕鬆地維持良好的人際關係。

對很介意微妙人際關係的日本人來說，這可能是小甜食最受歡迎的功能吧。

成年人補習班
——組成「自己」的拼圖遊戲

成年教育服務日益普及

學生時候，爸爸常對我說：「你趁現在一定要好好學習，否則成年之後必定會後悔」，又說：「這個世界，什麼東西都值得學習。」當時我都當作耳邊風，現在才覺得，他的教導真的可貴。

看來，很多人好像有跟我一樣的感覺。因為，現在看到成年教育服務愈來愈多了。

在日本，其實這種服務已經有不短的歷史。從一九五〇年代開始，由一些傳媒企業開設了名叫「Culture Center（文化中心）」的設施，向成年人提供授課服務。當初，其主要目的是教授家庭主婦家務技術以及文化修養，後來也為高齡者提供學習、享受興趣愛好的機會了。

而在這十多年來，這些講座的對象更為擴大，針對未婚男女、中年上班族的講座也相當多了。隨之，有多個領域的企業、團體也開始關注這種服務，像是兒童教育企業、娛樂企業、百貨和超市，還有地域社群的NPO，陸續開了講座、教室、補習班和研究會。

過去、現在、未來：三種學習概念

我看，現在成年教育項目大致可以分為三種系統。

一是要「恢復過去」的系統。很多人都對青春時代有懷念，尤其是對在學校社團或與朋友一起熱中過的活動。例如，那些曾經玩過搖滾樂的人，年到四、五十重新開始學吉他，應該是一個典型的例子。還有，幾十年前日本少女漫畫流行過以芭蕾舞為題材，聽說，當時迷過這些漫畫的不少女人現在開始學芭蕾。另外，繪畫、塑料模型等製作領域也有上課學習的需求，這個方面也推出可以與

◆知名的家庭教師派遣公司TRY，最近也開設了成年教育服務「大人的家庭教師TRY」。

◆SHIDAX是日本有力的卡拉OK連鎖店，而二〇一三年進入成年教育業界，在澀谷開設大規模文化中心「SHIDAX Culture Village」。

孩子一起上課的講座。

二是要「建立未來」的系統。在工作環境愈加緊張，競爭愈加劇烈的情況下，上司、部下都被「スキルアップ（提高工作技能）」這個口號，促使去學習英語、上專業認證課程、出席商務顧問的演講。此外，撰稿、攝影、網頁設計等專業技術的講座也顯得有人氣。時而也看到專為年輕女性舉辦的化妝講座，換個角度來看，這也算是一種工作技能吧。

順便一提，在這些領域的學習活動當中，所謂「朝活（asa katsu）」這個做法時而受到關注。「朝活」是「朝（早上）の活動」的縮約詞，意指利用平日上班之前一、兩小時的上課、學習、交流活動。在日本，很多上班族每天都加班到晚上，等收工後要上些課也相當難，所以改變一下想法，早上反而比較容易抽出時間。其實，世人對「朝活」的看法不一，部分人稱讚他們是很開明，也有人嘲笑他們，說是太被野心驅使了。

三則是要「充實現在」的。這基本上是從前那些「文化中心」用力展開的領域，最近有更出色的發展了，如陸續出現新款講座，像是咖啡、巧克力等嗜好品的欣賞法、創作食譜、飾品做法、保健運動、散步歷史景點等等。此中也有廠商為了推銷所開設的，例如豐田汽車設立了名叫「86 ACADEMY」的講座，以小型跑車「豐田86」為題材，教授駕駛技術、個性化方法、攝影竅門等等。同時還透過專用ＳＮＳ

讓聽講生相互交流，提高他們對「86」品牌的歸屬感。

連早飯都要學習

成年教育項目的多樣化、細分化真是令人驚歎。例如，一家成年教育團體的「刺繡」課群講座中，竟然就有「日本刺繡」、「英國刺繡」、「歐洲刺繡」、「維多利亞刺繡」，還有「HARDANGER抽紗刺繡」等等。

而另一家團體的官方網站，介紹了一些相當奇特的講座，像是「早飯學」、「學苔蘚」、「能穿二十年的皮鞋維修法」等等，光看講座名稱都非常有趣（我爸爸說得對，真是「什麼東西都值得學習」）。想學的人可以從這無數的選項當中，挑選適合自己胃口的講座。這可是正宗的學生無法享受的自由。

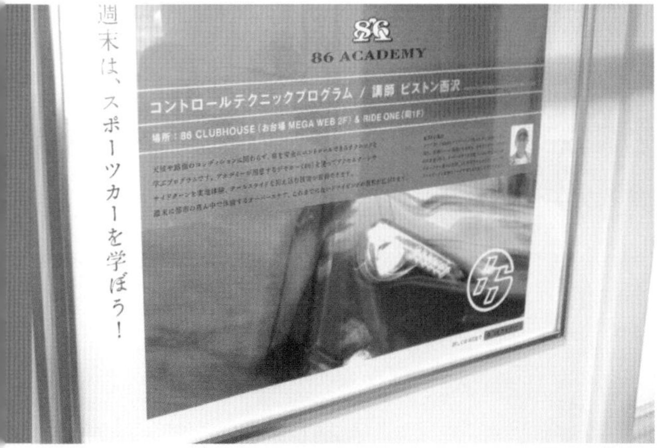

◆豐田汽車開設了自公司銷售的小型跑車「86」專門的講座服務。

◆做橡皮擦印章、做甜點模型、演講落語、雕佛像、彈三味線……以成年人為對象的講座項目很多。

尋找自己，磨練自己

我覺得，這些動向代表著很多日本人要尋找「自分らしさ（真像自己、自己風格、自己的本色等等）」的心情。

在日本社會，「自分らしさ」這個詞多年來有很強的影響力。基本上，日本人享受與他人差不了多少的近代化、劃一化的生活方式，但心裡深處也一直討厭「與別人差不了」的自己。很多人希望看出自己與眾不同的地方，突出自己來確保自己在社會上的定位。

我看，那些積極去聽成年人講座的人可能有這樣的意識。例如興趣技藝也好，工作技能也好，還有曾經迷過或嚮往過的技藝也好，都是要尋找「像自己」的因素。附帶一提，大眾的情緒不像幾年前的不景氣和節約時期那樣頹喪，多少也有了尋找、磨練自己的餘地。

這樣一想，也就可以理解講座種類之多。自己的特點非要與別人不一樣才行，所以講座的選項愈多愈好。對學生們來說，挑選了維多利亞刺繡講座的「自己」，和挑選了歐洲刺繡的「那個人」可不一樣。

a+b+c+d……=自己

看著一些講座目錄，我發現了另一件事情：大多講座學期不長，從二個月至半年之間都有。雖然有些講座採入門、初級、中級這樣層度遞升方式，但這種講座較少。甚至有些講座是「特別講座」，只開授兩、三次就結束了，也有只開一次像演講般的講座。不知聽完這些講座的人，之後會以那個講座為起跑點，繼續自力學習嗎？大概不會吧。我推測，他們聽完一個講座後，就會尋找另一個比較適合自己的，幾個月後再找別的，這樣聽遍其他講座吧。

現代社會趣事頗多，大多人不能只管一、兩個事情而已。我想起，一些Twitter用戶在他們的「個人檔案」上寫了很多很多的興趣，像是「華流POPS、旅遊、貓、拉麵、吉他、心理學。保健法：太極拳。時而也發政治推」等等。

◆「我國什麼都有，只有英語欠缺」，日本人在學校學了十多年英語，但運用自如的人非常少，所以成年英語教室也很有人氣。

我猜測，他們要收集這些愛好、知識、技藝的經歷片段，像拼圖一樣組成「獨一無二的自己」。按理說，自己有愈多零片，有同一零片搭配的人愈少，因而自己的特性愈接近「獨一無二」。另一方面，有了多的零片就能用於與人交談、交往。還有，如果你認識了一個人，而他擁有的零片與你的很相似的話，他會成為一個難得的「同志」。

試著用「自分らしさ」這詞Google一下，就出現了為了「活得更像自己」的很多建議。比如說，正確認識自己長處和短處；捫心自問你要成為什麼樣的人；不要比較自己和別人等等。但我看，很多日本人不太願意做這些太過內向的自我分析，因為從日本人的性格來說，這樣做往往會引起責備自己的意識，而悶悶不樂。還不如向外找找適合自己的事物和知識，用很多零片變成「自己」會更好吧。這個很像拼圖的方法更適合日本人的心性。

熱潮生活

席捲日本的全民浪潮

「日本」熱潮

──複雜的自愛

日本人第一次愛上日本？

看來，現在日本迎接了「日本熱潮」。

這樣說就會有不少人納悶，人人應該原本就喜歡自己的國家，為什麼要特意叫做「熱潮」？

其實，日本人對本國的評價一直不高。這一百多年來，日本人一直嚮往、引進歐美文化，而對本國文化沒有加以關心、表示敬意。可是從幾年前起，這個情況有了明

顯的變化。

現在，愈來愈多日本人重新關注、肯定、讚揚本國文化。以此為背景，近年有幾件事讓日本備受國際注目，像是東京成功取得二〇二〇年夏季奧運會主辦權；富士山入選世界遺產；日本傳統料理被列入聯合國文化遺產等等。這些事情讓很多日本人愈發為自己國家感到驕傲。

這不只是在文化方面的事情。據最近的報導說，日本一些廠商重新開始增強國內生產設施。不用說，一個原因是日圓貶值，其他理由則是這些企業認為日本員工的技術、素養、覺悟都高，還有「日本製造」的品牌有訴求，有了這些優勢才能提高產品的附加價值，如今比起海外廉價生產品都還划算。

日本一位作家竹田恒泰指出，現在掀起了「由日本人主動的日本熱潮」，還解釋說這是二戰後沒有過的動向。

◆在雜貨店，有日本傳統生活零件、玩具、還有圖案的款式比較得到喜愛。

三一一提供一個大契機

竹田先生又說，這股熱潮的一個大契機就是三一一。我也同意他這個看法。那個大災難所導致的幾個情況，給了日本人重新認識、評估自己的文化和民族性的機會。

三一一後，國內外媒體屢次報導了那些災民非常文明的舉動。剛發生地震後，災區就苦於物資不足，但在此情況下卻沒有發生暴動和掠奪。首都圈也發生了大規模交通癱瘓，成千上萬的上班族不得不通宵步行回家，可是他們並未驚慌失措，默默地走上一、二十公里的歸路。另外，有的人不管自己正在苦境也積極來幫別人的忙，有的人在商店前排著看不到盡頭的長隊也忍耐地按順序等待。很多海外媒體以驚歎的語氣報導這些情況，讓很多日本人幾乎第一次認識到自己民族的優點。

然後，日本社會因福島核電廠停機面臨了電力危機。那時恰好夏天到來，為了儘量不消費電力克服熱天，很多人就開始引入日本傳統乘涼方法。例如，為了控制使用空調，在屋子裡使用團扇，在門口附近灑灑水乘涼一下。另外，一個傳統夏季日用品——風鈴也受到關注。風鈴通常掛在窗邊，受了風就能發出令人愉快的清脆聲音，給人清爽的感覺。還有日本冬天也相當嚴寒，於是為了控制能源耗費，一種取暖工具——湯婆子——復甦了。

此外，人們度過四季的作法也有了一些變化，就是不要專心防暑、防寒，而是欣賞每個季節的本來面目。這也被看作是「四季之國」日本才有的感覺。

引起各種日本文化熱

現在已從三一一過了好幾年，這些「回歸老日本」熱也有所平息了。但我看，這些熱潮確實引發了此後日本文化熱潮。現在，很多人開始關注各式各樣的日本傳統文化與價值觀。

特別引人注目的是「美文字」熱潮，就是重視寫漂亮文字能力的潮流。這不是書法熱潮，比較重視用硬筆寫得好不好。這股熱潮的一個契機是一部電視綜藝節目當中的「美文字」單元，是讓客串演出者用筆寫一些句子，再請一位書家評分。節目走紅後，這位書家陸續出版「美文字」寫法指南書成了暢銷書，還有一些文具廠商趁此上市

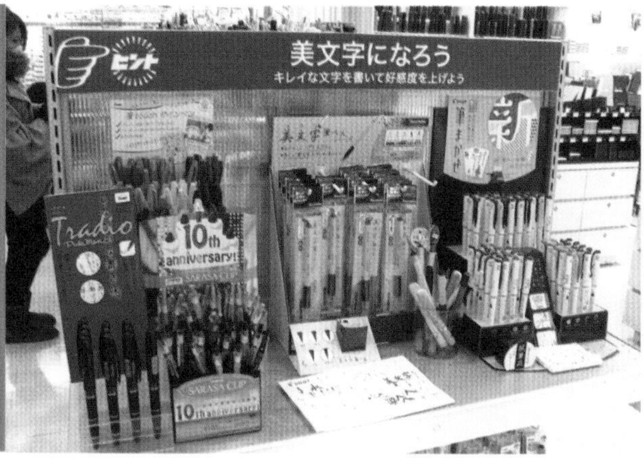

◆在書店，「美文字」練習本占大空間，在文具店「美文字」筆大受歡迎。

了聲稱能寫好字的「美文字」筆，顯得銷路不錯。

還有，對於日本傳統衣服的興趣也高漲起來，尤其「浴衣（yukata，是夏季期間的衣著）」的人氣特別高。夏天，無論在著名景點或者一般街區都舉辦與「お盆（盂蘭盆節）」有關的節慶活動，去那些地方都可見愈來愈多的男女穿著浴衣閒逛。說到夏季衣著，日本也有傳統男用膝長襯褲，叫ステテコ。長期以來，它被看作中高年男人的家用內褲，但這幾年來，隨著日本夏天愈加暴熱，就出現了不少相當講究的款式，成了夏天基本便裝之一。

此外，還有日式甜點（和菓子）。本來，和菓子多是用於茶道茶會以及一些正經聚會，當作家庭日常零食吃的人比較少。可是從幾年前起，便利商店開始積極推出和菓子產品而大受歡迎，接著不少超市也搶先設置和菓子賣場。

◆夏天了，就看到愈來愈多人（尤其是女生）穿「浴衣」逛街了。

日本的歷史、傳說也引起關心。例如，一些取材於歷史的動漫、遊戲等內容引發了歷史熱潮（對此下一篇〈外地熱潮〉也有所解釋）。此外，三一一引起很多人溫習過去的災害對應。這些動向都激發了日本人對本國歷史和民間傳說的關注，還引起對妖怪、地獄等傳統故事的興趣。另外，這幾年來掀起的心靈學熱潮衍生了「能量景點（power spot）」，使得很多人關心到日本各地的大小神社。尤其在二〇一三年，日本兩座代表性神社「伊勢神宮」、「出雲大社」都舉辦了「遷宮（每隔幾十年依原型進行重建神宮本殿）」儀式，吸引了更多人的目光。

透過外國人指點才認識到「酷日本」

其實有另一個意外的因素撐持「由日本人主動的日本熱潮」，是外國人的眼光。

有一個象徵性的名詞，叫「COOL JAPAN（酷日

◆甚至有些衣服廠商推出傳統男用內衣「褌（hundoshi、中文也稱作兜襠布）」的現代版，並且做了女用款式。

本）」。它是這五、六年來常見，用來形容日本一些質量高的動漫、一部分美術、還有家電產品和工業技術，一般被認為是外國人士讚揚日本文化時的一個說法。而其實這就是日本政府和日本商業人士作為對外文化宣傳活動、或者出口政策的口號常用的名詞。所以，實際上不知道有多少外國人認識「COOL JAPAN」一詞，但至少這個詞讓不少日本人認為現在日本文化在外國大受歡迎。

說起來，日本人往往在受到外國人的好評後，才要重新評價本國文化。這不是現在才這樣，例如，在十八至十九世紀日本流行的「浮世繪」，當初日本人看不出什麼藝術價值，所以當進入近代以後，造訪日本的歐美人對這些繪畫表示興趣的時候，就毫不可惜地賣了。很久以後，看到它們都陳列在美術館或以高價買賣，才認識到浮世繪擁有的價值。其後到現在，也有很多類似例子。

熱潮隱藏的問題

此外，不得不承認有一個不好的因素也推動著日本人的日本熱潮，就是外交摩擦。日本與幾個鄰國間有領土或歷史認識上的糾紛，其中幾件還未達成和解。這幾年來，與這些矛盾重新衍生了一些衝突，讓一些日本人對有關國家懷敵愾心。很遺憾，我不能否定這些感情以有點歪曲的方式煽動著日本熱潮。

我看，日本熱潮有所激發日本人原有的偏狹氣質，就是相信日本民族、文化非常特別，因而有與外國之間會有些不協調也沒辦法，懶得接受不同文化和想法，力求共存的思考。此點原本受國內外很多人士的批評，但最近好像有愈來愈多人不再對此反省了。我有點擔心，日本與外國之間可能產生更多矛盾。

外地熱潮——日本並不只有東京

「小海女」的魅力

從二〇一三年四月到九月間，一部電視連續劇讓很多日本人在忙碌的上班前時段，被電視吸引住。這部劇名叫《あまちゃん》，是以日本東北地方岩手縣的一個沿海小鎮和東京為舞台，描寫一個內向的女生透過海女（女性潛水漁民）工作和作為一個菜鳥偶像的活動而成長的喜劇。聽說它後來也在台灣播出，劇名為《小海女》，想必有很多台灣人看過。

◆岩手縣在銀座經營的特產品店，因《小海女》而受到關注，連日有客蜂擁而至。

據說，迷上這部劇的觀眾人數之多和階層之廣，都是當今其他電視劇難以比擬的。很多媒體將此稱為「全民性電視劇」，是一個在進入了二十一世紀之後一直沒有機會聽到的名詞。

有很多人分析這部劇高人氣的原因，並發表看法。但我相信一個重要因素應該是，這幾年來很多日本人心裡逐漸培養了關注日本「外地」的意識。

現代日本國土分為四十七個叫做「都道府縣」的行政區：「都」是東京都，「道」是北海道，「府」有大阪府和京都府，再有長野、青森、福岡等四十三個「縣」。這些區分的歷史不太久，制定於十九世紀末，但也在相當程度上沿襲了各地的地勢以及古時代的「藩」（幕府將軍所封的諸侯領土）境界，所以反映到每個地方的習俗和方言的差異。還有，日本國土南北距離長，包括從亞寒帶到亞熱帶氣候，致使有多姿多彩的風土。總之，每個地方都有因歷史和自然環境所致的特點和文化。

◆沖繩縣在有樂町經營的特產品店，其裝潢設計引進當地建築的特點，以突出沖繩的魅力。

現在，這些外地文化開始吸引很多人的興趣了。

外地熱潮涉及多領域

最近在東京，由每個都道府縣（或由一些熱門觀光城市）經營的特產品商店既多又旺。這種店早就散布在東京一些地方，但很多不過就是在旅遊詢問處騰出空間賣些當地產品。而這幾年來，每個地方都開始傾向經營商店，一些居然還設置了很大的賣場，產品陣容和空間設計都相當講究，就像高級超市一樣。同時也在都心主要鐵路站內外開了一些地方聯合商店，就是集合很多都道府縣的產品做介紹與銷售。

另外，「ゆるキャラ（yuru-kyara：直譯為設計「走鐘」的角色）」熱潮也很值得關注。一般來說，ゆるキャラ指地方政府所創造的代言角色，就是向外地人訴求本地

◆沒有常設店鋪的地方政府也時而租賃東京都心的公共空間，開設限期商店。這是愛知縣豐橋市在銀座地下街開設的。

的地方魅力。一開始，製作它的方法大多是讓官廳職員倉促完成，或者向一般人公開徵集，所以設計水平都不太高。有一個次文化插圖家看到後非常感興趣，就稱作「ゆるキャラ」在某些媒體介紹，意想不到地引起廣泛的注目。現在，很多地方政府開始關注ゆるキャラ走紅了，起用專業設計師和插圖家精心製作品質高的角色，結果出現了像くまモン（熊本熊）那樣聞名於世的角色。

電視業界也從二〇〇〇年代後半起開始關注外地，陸續推出了一些介紹、爆料每個外地有趣特色的節目，像是「秘密の県民SHOW（日本妙國民）」、「ナニコレ珍百景（珍奇百景鑑定團）」等等。還有，一些動漫作品的故事背景地區也吸引了很多粉絲，讓他們實地造訪逛一逛（這一行為被稱作「朝聖」）。一些熱門「聖地」的地方政府和街道商會將此視為難得良機，積極推進觀光活化和熱絡經濟的活動。

◆由幾個縣聯合經營的商店。東京車站地下街的「諸國PLAZA」、上野車站的「NOMONO（店名來自日文「XX的東西」）」

另外，有不少民眾對方言感興趣了。據悉，二〇〇五年前後，當時女中學生間流行在與朋友說話的時候，特意混入一些方言詞彙（包括自己沒有住過地方的方言在內）。這個現象引起注目後流傳至其他族群。一位學者說此一現象稱作「方言cosplay（角色扮演）」，即一般日本人對國內每個地方居民都有刻板印象（像是大阪人愛逗笑、九州人富有男子氣概等），覺得仿效方言就可以帶有那個地方特有的形象。她又說，這個行為很符合現代日本人一個習性，就是看情況和對方區別扮演一些「角色」。

熱潮的背景

說實話，關注外地的動向並不是史無前例的。比如說，日本高度經濟成長剛要結束的一九七〇年代，媒體很常提到「地方的時代」這個名詞。那時應該有與最近世情頗為相似的情況，像是因為經濟停滯不前，民眾對中央政府的不滿多起來；期待一些新奇發展道路來打破現狀等

◆くまモン（熊本熊）是一個代表性「ゆるキャラ」，原本是九州熊本縣所創造的，如今具有全國性的名氣。

◆時而也舉辦日本各地「ゆるキャラ」會聚一堂的訴求活動。

等。但當時政治、行政只有口號，而不肯賦予外地政府和民眾權力，結果成不了名副其實的地方時代。

而進入了二十一世紀之後，才崛起自下而上的外地熱潮。

隨著長期的不景氣，許多社會問題也嚴重化了，中央政府長久以來所維持的行政、經濟政策出現好多破綻。現在很多人覺得日本不能永遠維持以往做法，非要改變很多社會機制和民眾生活方式不可。但政府和行政，還有在城市的大企業對此反應不佳，因此人們就有「中央的做法信不過」這個念頭，開始謀求不用靠中央的自立發展之路。

某些方面，經濟蕭條本身也成為了外地活化的一個契機，因為內需縮減促進了招呼外國遊客到日本的趨勢。例如，北海道、東北等地域富有觀光資源，又九州、沖繩等地域就比較接近鄰國。據悉，這些地方力求整備各種基礎設施，以便招待海外遊客。一些媒體時而介紹一部分成功案例，也讓國內民眾重新關注這些地域作為景點的價值。

◆《方言cosplay的時代》一書，以很多日本人仿效與自己故鄉無關的方言詞彙的例子，分析現代日本社會。

還有一個重要因素，就是網路媒體的發展，致使外地的大小消息和以前相比，更容易傳播至各地（包括海外）。具體地說，網路大幅度降低了宣傳成本，也讓消費者容易找到、關注外地新奇的產品和事物。還有部落格、SNS、照相手機等網路工具讓個人也能發揮媒體的作用，可在網路公開介紹自己居住地和旅行地的有趣事物，引起民眾關心。

◆三一一後一個月，一些超市就特意設置了賣場，促銷受災的東北、關東北部的農產品。

另外，這幾年來在日本掀起的歷史熱潮也算是一個因素吧。一些取材於歷史人事物的動漫、遊戲增加了歷史迷，尤其是女性歷史迷。他們很常前往跟歷史人物有關的地方旅遊，像是著名戰國武將上杉謙信的故鄉新潟縣、織田信長作為據點的岐阜以及愛知縣，還有在明治維新時期很多愛國志士輩出的山口縣、鹿兒島縣等地。

三一一後的展開

這些外地熱潮從二〇〇〇年代後半起逐漸旺盛起來，而三一一東日本大震災後更顯加速了。

災後不久，很多媒體在「支援災區復興」、「與東北（主要災區所屬的區域）一起加油」的口號下，開始盡力介紹東北產品和景點。超市特別設置了專賣東北產品的空間，讓很多消費者有拯救東北的使命感，積極去買。還有不少旅行社重點介紹東北的旅遊景點，建議東北周遊。

其他地域看到這些也開始積極推銷當地產品、招攬遊客。首都圈也增加了北海道、北陸、近畿、九州等比較邊緣地方的觀光、產品廣告。這些動向對民眾心理帶來的影響不小，很多人重新意識到日本有很多地域，每個地域都有好文化和特點產品。

◆位於關東北部的栃木縣在東京山手線電車車廂上設置的大規模廣告，訴求此縣特產的草莓。

◆三一一半年後，啤酒廠商KIRIN推出一項促銷活動，將全國各地的知名食品作為贈品。

外地人氣未必促進外地活化

那麼，這些熱潮今後能推動外地城鎮繁榮嗎？我看，這不太容易吧。因為，趕此熱潮的人大多只是被自己不常見的珍稀事物吸引到了而已。他們透過幾次購買或訪問，習慣之後，其興趣就會移到其他珍稀事物。另一方面，外地的人們也好像就指望大城市的大規模消費，只管推出符合外人胃口的產品和服務。

日本因國土狹長，有多姿多彩的風土，每個地方的生活文化原本也就富有個性。但這半個世紀來由中央政府率領下的城市建設和文明化，促進了每個地方街容和文化的一律化。一律化了的地方就只能用經濟指標來比較，這樣下來，外地處在下風是理所當然的事。我看，這些因果循環的結果，外地經濟苦境愈來愈嚴重了。

每個外地想必指望著趁這個「熱潮」，挽回他們獨特的文化、得到獨特的發展。但目前還只能依賴大城市需求，分享一點餘惠，很難找到自立之路。這是現代日本面臨的難題之一。

「女子」熱潮——在矛盾的壓力之下

「××女」推動日本流行

日本在每年年底有一項授獎活動，名叫「新詞・流行詞大獎」，即從當年流行的詞彙或句子、以及有人說起獲得關注的詞句中挑選五十個為入圍名單，並從中選十個授獎。這獎項雖由一家私人企業舉辦，但授獎儀式被很多媒體報導，全國馳名。

得獎的詞句很能反映當年日本的世態和社會動向，引起許多人的關注。但在日本社會，流行和過時很容易推

◆幾年前起，媒體和一些財經人士提起「ウーマノミクス（womenomics）」一詞，是woman和economics結合而做的一個合成詞。此詞代表著現在日本流行的一個想法：促進女性參加勞動，以活化經濟。

移，大多詞句過了兩、三年就會被忘掉了。可是，這無疑是現代社會的一個珍重紀錄，值得研究一下。例如，我查看該獎項官方網站，就發現了在這七、八年間的得獎詞句當中，不少詞句都包括「女」字。

「女」好像約在二〇〇七年以後開始很常出現於流行詞。舉一些例子，「歴女」[1]、「鐵子」[2]、「ノギャル」[3]、「山ガール」[4]、「美魔女」[5]、「靈長類最強女子」[6]、「こじらせ女子」[7]等等。二〇〇九年入圍的「女子力」[8]如今不是流行詞了，現在成為很多人常用的一般名詞。同樣，二〇一〇年得獎的「女子會」[9]也成了一個常用詞。

二〇一四年也很常聽到「女」系流行詞，像是「モケジョ」[10]、「ドボジョ」[11]、「リケジョ」[12]。這些詞雖然很常聽到也沒有入圍，從此可想像，過去也一定有其他「××女」出現又被忘掉，雖然我根本想不起來。

「只供女人」商品也席捲市面

另外，這幾年來好像出現了愈來愈多的「女性」商品及服務。我看過一些財經報導介紹女人用咖哩店（供應蔬菜增多、少了量的咖哩飯）、比薩店（同前）、奶咖啡飲料（少了蔗糖，添加了風味，包裝做得女性點），還有看過一則廣告訴求牛肉「包含很多鐵質，有益於女人保持身體健康」。

有一些旅行社建議二十幾到三十幾歲的女人結伴去「女子旅」，很多文具店設置不小的專用商品架展覽一大堆可愛顏色、形狀的文具，聲稱「女子文具」，用力推銷。甚至看到一所男女同校大學的廣告上居然寫著「女子力向上計画（提高女子力計畫）」。此外，最近很多電視節目也取材於「女子」，採訪工作出色的，或者單身住在外國的女人，介紹她們的生活和人生觀。

為什麼現在與「女子」相關的事物這麼多了？可以推測，這些情況代表著日本圍繞女性的情況有了些變化，引起社會的注目。這是什麼樣的變化呢？

注1：指女歷史迷。

注2：指女鐵道迷。

注3：農GAL：從事農業的年輕女生。也指一項社會活動，是由一個年輕女老闆提倡，以讓愈來愈多的女生關注、參與農業為目的。

注4：山GIRL：指愛好爬山的女性。

注5：指年紀過了四十歲也打扮得像年輕女生一樣的女性。

注6：指日本女子自由式摔跤運動員吉田沙保里。她是二〇〇四年、二〇〇八年、二〇一二年三屆奧運會金牌得主。

注7：彆扭女：指那群不懂時尚、不相信自己有女性魅力的女性。

注8：指女性般的魅力或能力。

注9：指只有女性參加的飯局。

注10：模型女：指著迷於製作塑料模型、人形的女性。

注11：土木女：指從事土木系工作、學問的女性。

注12：理系女：指從事理工科系工作、學問的女性。

「女子」一詞之深奧玄妙

在此，我要談到有點麻煩的日文詞彙。現代日文當中，表達「female human」的詞彙頗多，是「女（onna）」、「女子（joshi）」、「女性（josei）」、「女の子（onna no ko）」、「少女（shoujo）」、「ギャル（gyaru，來自英文gal）」、「ガール（gāru，來自英文girl）」等等。此中，最為關係到這股流行的就是「女子」一詞。

在現代日本，「女子」一詞原本多在學校教育的現場使用。要說到學生性別的時候，都會用「男子（danshi）／女子」這兩個詞。為什麼不使用其他說法？因為其他說法分別附帶特定的形象，不宜在學校使用。例如，「女（onna）」一詞有時會令人聯想到性愛的領域，也帶有鄙視的詞感。而「女性」多用在商務、事務工作上，少見於一般對話裡頭。順便一說，上面兩詞多指成年女人。

說到年輕女人的稱謂，「少女」帶有一種詩意或文學性，在一般對話當中比較少用。「女の子」在口語中相當多見，但帶有暗示未成熟，不尊重人格的詞感。「ギャル」是英文「gal」的音譯詞，現在日本就指那群有特別時尚嗜好的中學生到二十幾歲的女生。來自「girl」的「ガール」大多連結其他形容詞，幾乎不以單詞使用。

而「女子」這詞，除了「年輕女人」之外沒有多餘的形象或詞感，在很多情況下可用。現在看到的「女」系流行詞，大多以「女子」或「ガール」為基礎。寫成「××女」的名詞基本上也是「××女子」的簡稱，念法是「xx-jo」，不是「xx-onna」。所以，這些名詞大多不是暗示性別作用的，更不是以歧視為目的的。

現代女子的兩種處世

回歸正題。我看上述的「女」系流行詞可以分成兩個種類，分別代表著現代女性的處世傾向。

一個是想要走進男性領域的傾向。上面所介紹的鐵子、釣りガール、山ガール、歴女、カメラ女子、モケジョ，分別指喜愛鐵道、釣魚、爬山、歷史、相機、模型的女性。這些原本大都是男人會喜愛的活動，現在卻有愈來愈多的女人開始享受男人的樂趣！這些詞包含這樣的驚訝和好奇。

◆文具廠商也推出了很多「女子」版本。

◆化妝品、衣著、美容、出版……在很多業界，「女子力UP」成了一個推銷的關鍵詞。

另一個是上年紀也要保留年輕女生特性的傾向。「女子會」、「女子力」可以看作典型。這個動向在二〇〇七年左右開始明顯，因為這一年出現了「大人かわいい（otona kawaii 大人可愛）」這個名詞。「雖然是大人，還要長得可愛」這個拒絕成熟一般的態度，算是這種「女子」熱潮的基本思想吧。之後還出現「三十代女子」、「四十代女子」這些說法（不言而喻，就是「三十幾歲、四十幾歲了還可愛」的意思），同時，時尚、美容、甜點、飯局等向來屬於年輕女生領域的業界就開始向中年女性訴求，而很多中年女性也欣然接受這些建議了。

一群女性特別來享受男人領域的愛好，而另一群則拒絕成熟化。換句話說，她們都抗拒著日本女人「應有」的形象。我認為，這個意識就是最近「女子」熱潮的本質。

無言壓力限制女性的人生

我看，其背景有日本社會對女性人生持續施加的兩個相反壓力。

到三、四十年前為止，日本女性有一種模範人生方式，就是要趁年輕嫁給好男人，儘快生子（至少有一個男孩更好），一手掌管家務過一生。而到八〇年代後半，這個共識就有了一大變化。開端是實施了

「男女雇用機會均等法」，此是以實現男女共同參與的社會為目標的法律，規定不管男女都應提供平等的工作機會。

自此，日本女性的傳統人生楷模逐漸崩潰了。她們開始接觸社會，與外人交流，由此得知更自由、更多樣化的生活方式。媒體也開始介紹工作的女人、還有讓工作與生活兩全其美的女人，將她們當作新時代的女人榜樣。反之，向來那些「人生楷模」被看作沒有自由、也沒有價值的人生了。

問題是，日本社會結構沒那麼容易允許女人過這些新款式人生。很多女人依舊被要求演好傳統女性的角色，就是婚後不需丈夫的協助（為的是讓他可以埋頭工作、賺錢），力求只靠己力承擔家務、育兒、鄰居往來、看護老親。在職場，不少女職員也被要求從事古時候村落社會裡賦予女性的任務，如給客人和上司沏茶、在宴會上討好客

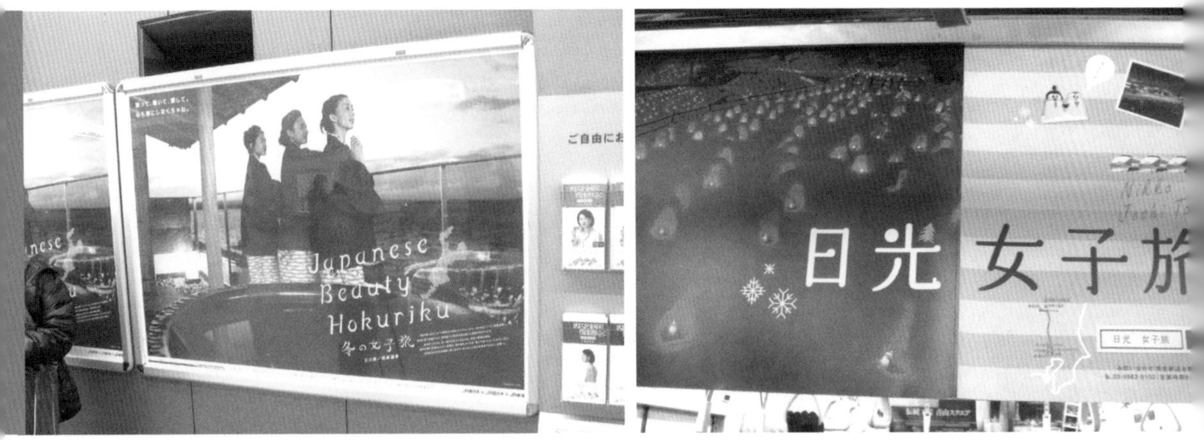

◆旅行業界也注意到女子需求，因為男人除了商務旅遊之外，很少會與朋友結伴去旅行，但女子會。

人等等。

總之，現代日本女人被置於一種矛盾的狀態，一方面被激發活得自由的願望，另一方面被迫使保持舊式女人生活。聽說，世界經濟論壇於二〇一四年公布的「男女差距指數」顯示，日本的男女平等程度在接受調查的一百四十二個國家和地區中排第一〇四位。從此可以窺見日本女性依然處於不太自由的情況。

女人和男人的生存戰略

但是，日本社會的另一個變化提供女性一種一時性避難所了，就是生活、行動的個人化。

以往構成日本社會骨架的血緣、地緣等羈絆，現在變得相當稀薄。所以，人人都不太介意別人的生活方式，要是你的生活或行動與眾不同，也很少會遭受別人的責怪。另外，日本人的晚婚現象相當普遍，如今四十幾歲未婚的人並不罕見了。換句話說，現在女人可以不屬於家庭，持續作為個人而生活了。還有，她們透過工作可以得到不少收入了。總之，與昔日不同，她們可以享用純屬自己的時間和金錢了。

我推測，這些情況讓她們這樣想：那麼，我們要好好活用這個延緩期間，盡情享受時代為我們建議的「多樣生活」吧！吃喝玩樂不用說，旅行、習藝、還有為自己事業發展的學習等等，有太多事要做。就這樣，她們力求推遲回到日本女人的生活框架。我看，這就是現代女性「男子化」、「少女化」共有的行動原理吧。而她們這些面貌吸引了那些尋求新商機的廠商及企業，千方百計地做出所謂的「女子熱潮」。

再提一下，最近有不少的男人顯得被這些女子熱潮吸引，相反地進入了「女子」領域，開始享受吃甜點、保持健美等等。有位智庫人員將這群男人叫做「女子力男子」。

其實，日本男人也一直承受著極大的壓力，即要求他們把所有時間和體力都獻給工作，只靠自己一個人的勞動來賺取維持家庭的錢。（有時，並沒有人迫使他這樣做，只是他擅自承擔這些義務。）但是，隨著日本社會和日本人意識的演變，好像很多人開始忽視這種「壓力」，要躲開這樣的生活方式。或許，他們這些意識演變以「女子化」的形式顯現了。

我還不清楚這些現象是轉禍為福，還是代表社會弊病，需要儘快應付？無論如何，今後日本社會要面臨更多變革和演變，隨之一定會出現更多的新男子和新女子。

◆一所男女同校的大學曾訴求「提高女子力計畫」。

後記

正答在哪？

「ゆく河の流れは絶えずして　しかももとの水にあらず（川水流淌不絕，但絕非源頭之水）」

在寫這本書的過程中，我好幾次想起這一句。

這是日本古典隨筆《方丈記》的開頭。日本人在高中時一定會學到此句，當然我也學過。

這部作品寫於十三世紀。在此前一段時期，日本處於亂世，源氏、平家這兩派武士力爭霸權，社會內亂。當初平家占優勢，把源氏逼到滅亡之際。之後，源氏恢復，起而反攻，最後滅掉平家。此外，這個時代亦有大火、地震等災害多發，作者提到他很多老相識逝世或音信杳然，又有一些大權獨攬的家系落魄，被新興家系取代。這些世道才讓他深有如上感慨。

為了寫這本書，某段期間我持續在東京街上，逛一些商店，觀察熱門產品、服務、還有相關廣告。街上經常擠滿東西，但這些東西正是「絕非源頭之水」，即使注意到某個事物，一鬆懈懶惰觀察，過了一會就會被另一些取代了。

這些觀察很有趣，但要寫成文章的話，就談不上有趣。老實說，這次執筆花了過多的時間。原本預定是一年左右，但開始寫後，由於工作忙、整理不了想法、還有寫得不好等理由很常停筆，致使完成時間拖延了不少。我對編輯非常抱歉，另外還擔心先寫的內容可能已經落伍了。

若要補充新消息，因為情況「流淌不絕」，寫作就會沒完沒了。也因撰寫本書的最大目的，並非要介紹日本最新產品和服務，而是藉此考察日本的文化背景和日本人的心性，所以我決定：不要過於追趕最新消息。

◆

還有，我一直納悶，為什麼日本社會這樣喜愛新產品和新服務？據我觀察，喜愛變化的日本人不見得太多。很多人希望得到比較穩定的職位，討厭自己周邊的情況經常改變，害怕現在的社會機制被陌生的新機制取代。再說，現代人不像上世紀的人那樣渴求東西，世上卻一直有新想法、新概念、新設計、新功能不斷上台，消費者也像期待著儘快出「下一個」似的。這是怎麼回事？

我想到的一個結論是，不少「新××」反倒代表著「要保持穩定」的心理。

「生活方式多樣化」一詞，已經成為媒體的老話。此詞首次被關注應該是八〇年代後半，就是民眾生活相當富裕了，也有愈來愈多的夢想，開始希求一些精神性充實的時候。當時的「多樣化」就是每個生活者根據自己的意願，附加生活和消費方式個性的動向。

那些時代，日本民眾對社會抱有一種穩定感。大多人都相信，只要不走太離譜的人生道路，就算成不了富人，至少也還能過不錯的生活（連只靠臨時工作為生的「飛特族」都有此意識）。

之後，日本社會進入了經濟低迷時期。企業放棄了終身雇傭，貧富差距擴大，社會保障制度有破綻，教育、福利方面也問題百出。在此，民眾對社會抱有的穩定感就逐漸崩壞下去。在這些情況下，日本社會發生了另一種「多樣化」。民眾由於年齡、居住地、性別、職業種類、工作條件、家庭經濟情況等多種因素呈現分裂。每個群體都有不一樣的價值觀，為了保持自己的生活世界，而希求不一樣的東西和服務。

◆

無論如何，不少人開始想，現在不能只靠現有的社會機制保持社會和生活的穩定，何況大家都愈來愈富有了。「那麼，今後怎麼辦才好？」人人都在尋找這個問題的正確答案。

當然不會有「正答」能夠一舉解決問題，可是好像有一些提示。例如，IT和其他技術進步讓我們能夠做到以前無法做的事情。還有，最近出現了不少人持有新想法和新構思，對一些問題提出建議，採取行動。我期待，這些技術和構思今後順利持續進步的話，未來將有一番作為。

本書開頭，我寫了日本消費者是脾氣沒準的「神」。但我又想，今後我們應該逐漸放棄這些「神」的做法。也就是說，不要任性地挑選當場稱心的產品，而要每當買東西都意識到，這個選擇讓自己（和社會）靠近什麼樣的方向。

感謝各位讀者，將這些難讀的文章看到最後。我希望今後也能繼續透過網路和書本（如果有機會的話），介紹日本種種。

國家圖書館出版品預行編目 (CIP) 資料

日本製造：東京廣告人的潮流觀察筆記 . / 東京碎片（uedada）著 . -- 初版 . -- 臺北市：貓頭鷹出版：家庭傳媒城邦分公司發行 , 2016.05
228 面 ;17×23 公分
ISBN 978-986-262-293-3（平裝）
1. 商品 2. 廣告效果 3. 日本

496.1　　105006517

日本製造：東京廣告人的潮流觀察筆記

作　　者　東京碎片（uedada）
責任編輯　李季鴻
協力編輯　黃瓊慧
校　　對　黃瓊慧
版面構成　劉曜徵
封面設計　許晉維
總 編 輯　謝宜英
行銷業務　林智萱、張庭華
出 版 者　貓頭鷹出版
發 行 人　涂玉雲
發　　行　英屬蓋曼群島商家庭傳媒股份有限公司城邦分公司
　　　　　104 台北市民生東路二段 141 號 11 樓
劃撥帳號：19863813；戶名：書虫股份有限公司
城邦讀書花園：www.cite.com.tw 購書服務信箱：service@readingclub.com.tw
購書服務專線：02-25007718～9（週一至週五上午 09:30-12:00；下午 13:30-17:00）
24 小時傳真專線：02-25001990；25001991
香港發行所　城邦（香港）出版集團／電話：852-25086231／傳真：852-25789337
馬新發行所　城邦（馬新）出版集團／電話：603-90563833／傳真：603-90576622
印 製 廠　五洲彩色製版印刷股份有限公司
初　　版　2016 年 5 月
定　　價　新台幣 450 元／港幣 150 元
I S B N　978-986-262-293-3

讀者意見信箱　owl@cph.com.tw
貓頭鷹知識網　http://www.owls.tw
歡迎上網訂購；大量團購請洽專線 02-25007696 轉 2729